全国机械行业高等职业教育"十二五"规划教材
模具设计与制造专业

模具 CAD/CAM/CAE

全国机械职业教育模具类专业教学指导委员会　组编
主编　冯　伟　曹　勇
参编　张金标　陆建军　陈叶娣　邵豪杰（企业）
主审　刘　航

U0253229

机械工业出版社

本书遵循学生职业能力培养的基本规律，基于模具岗位职业标准和工作过程，以典型模具为载体，以 UG 和 Moldflow 为平台，介绍了推块固定板及冲压件草图的绘制、塑料壳体和笔帽零件三维模型的创建、链板片冲孔落料复合模具的装配、凸模固定板及凸凹模工程图的创建、面板及接插件模流分析、冲压板材模具压力中心计算、塑料制品注射模设计、模板形零件及模具成型零件数控加工。

本书结构新颖，打破了传统的学科知识体系，采用项目形式组织内容，深入浅出，易于学习和掌握。同时，本书还配套有模型源文件及电子课件，可以帮助读者获得最佳的学习效果。凡选用本书作教材的教师，可登录机械工业出版社教育服务网 http://www.cmpedu.com 注册后下载，咨询信箱 cmpgaozhi@ sina. com。咨询电话：010-88379375。

本书可作为高等职业院校和成人院校模具相关专业的教材，也可作为模具相关培训班的参考用书。

图书在版编目 （CIP） 数据

模具 CAD/CAM/CAE/冯伟，曹勇主编. —北京：机械工业出版社，2012.8
全国机械行业高等职业教育"十二五"规划教材. 模具设计与制造专业
ISBN 978-7-111-39294-1

Ⅰ. ①模… Ⅱ. ①冯…②曹… Ⅲ. ①模具-计算机辅助设计-高等职业教育-教材②模具-计算机辅助制造-高等职业教育-教材 Ⅳ. ①TG76-39

中国版本图书馆 CIP 数据核字 （2012） 第 172252 号

机械工业出版社 （北京市百万庄大街 22 号　邮政编码 100037）
策划编辑：于奇慧　责任编辑：于奇慧　范成欣　版式设计：霍永明
责任校对：张晓蓉　封面设计：鞠　杨　责任印制：乔　宇
三河市国英印务有限公司印刷
2012 年 9 月第 1 版第 1 次印刷
184mm×260mm · 16. 25 印张 · 401 千字
0001—3000 册
标准书号：ISBN 978-7-111-39294-1
定价：32.00 元

凡购本书，如有缺页、倒页、脱页，由本社发行部调换
电话服务　　　　　　　　　　网络服务
社服务中心：（010）88361066　教材网：http://www.cmpedu.com
销 售 一 部：（010）68326294　机工官网：http://www.cmpbook.com
销 售 二 部：（010）88379649　机工官博：http://weibo.com/cmp1952
读者购书热线：（010）88379203　**封面无防伪标均为盗版**

前　言

UG 是 UGS 公司开发的面向产品开发领域的 CAD/CAM/CAE 软件，现已成为世界上最流行的 CAD/CAM/CAE 软件之一。UG NX 先后推出了多个版本，每次发布的最新版本都代表着世界同行业制造技术的发展前沿，很多现代设计方法和理念都能较快地在新版本中反映出来。

Moldflow 公司为一家专业从事塑料成型计算机辅助工程分析（CAE）的跨国性软件和咨询公司。1976 年美国 Moldflow 公司发行了世界上第一套流动分析软件，几十年来以不断的技术改革和创新一直主导着 CAE 软件市场。Moldflow 的产品为优化制件和模具设计提供了一套整体解决方案。

本书结合目前世界主流应用软件 UG、Moldflow，讲解这两种软件的实际应用操作，力图满足学生专业能力培养目标和符合工程实践需要，同时，结合在校学生及工程技术人员的知识特点和接受能力，确定本书的编写目标与原则。

本书的整体结构按工作任务划分，体现"任务驱动"、"项目导向"的教改要求。在编写体例上大胆创新，本书的主要内容由八个项目组成：项目 1 通过典型模具零件草图的绘制，引导学员掌握 UG 软件中草图命令的使用技巧；项目 2 通过对塑料壳体和笔帽零件三维模型的构建，使学员掌握三维建模的基本方法；项目 3 将建好的模具零件在 UG 装配模块中进行装配，使学员能够建立自底向上的装配，并创建装配爆炸图；项目 4 对已完成的模具零件三维模型在 UG 工程图模块中建立符合国家标准的零件工程图，使学员掌握各类模具零件工程图样的创建与编辑；项目 5 通过对面板及接插件的模流分析，使学员掌握 Moldflow 模流分析的方法；项目 6 通过冲压模具压力中心计算，使学员掌握冲压模具压力中心的计算方法；项目 7 通过注塑模具设计，使学员学会用 UG Mold-Wizard 提供的模具设计菜单轻松地对产品进行分模，在模架库及标准件库调用所需部件；项目 8 通过对模板形零件及模具成型零件数控加工的讲解，帮助学员掌握 UG 加工模块中刀具路径的生成方法，并对刀轨进行后置处理，生成驱动数控机床的 NC 程序，用于产品及模具的实际加工。每个项目后都提供了相关的实践练习题，供学生课后更深入地掌握所学内容。本书让学生首先接触案例，注重提高学生独立分析问题、解决问题的能力。

在本书编写过程中注重理论与实践的结合，将科学的设计方法贯穿于工作过程的始终，给读者一种亲切感和现场感。通过实用性、针对性的训练，体现能力本位的原则。

本书可作为模具设计爱好者自学和从事模具设计的初、中级用户的自学书，也可作为高等院校相关专业课程的教材，以及社会相关培训班学员的教材。

本书由常州机电职业技术学院冯伟、曹勇主编，西安理工大学高等技术学院刘航主审。其中，常州新科模具有限公司邵豪杰编写了项目 1，冯伟编写了项目 2 和项目 4，陈叶娣编写了项目3，张金标、陆建军编写了项目5，曹勇编写了项目6~项目8。本书在编写的过程中得到了江苏华生塑业有限公司冯伟武工程师的大力支持和帮助，在此表示衷心的感谢！

在本书的编写过程中，我们力求精益求精，但由于水平有限，书中难免有一些不足之处，敬请广大读者及业内人士批评指正。

编　者

目　录

项目 1　推块固定板及冲压件草图的绘制

能力目标
　　1. 能正确使用 UG NX 7.0 常用工具。
　　2. 会利用 UG NX 7.0 软件绘制模具零件二维草图。
知识目标
　　1. 了解 UG NX 7.0 操作界面。
　　2. 掌握 UG NX 7.0 常用工具的操作。
　　3. 掌握草图的绘制方法。

1.1　任务引入

　　草图是与实体模型相关的 2D 图形，一般作为 3D 实体模型的基础。在 3D 空间中的任何一个平面内绘制草图曲线，并添加几何约束和尺寸约束，即可完成草图创建。建立的草图可以用来拉伸和旋转，或在自由曲面建模时作为扫掠对象和通过曲线创建曲面的截面对象。草图的绘制是实体建模和曲面造型的基础，掌握这些基本操作并注意在实际应用中灵活应用，可为进一步使用 UG 打下良好的基础。本项目任务为如图 1-1 所示推块固定板和如图 1-2 所示冲压件草图的绘制。

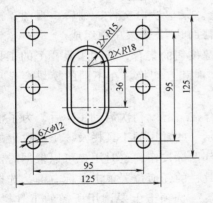

图 1-1　推块固定板

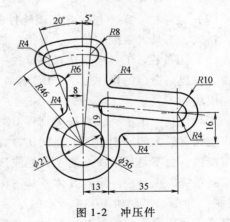

图 1-2　冲压件

1.2　相关知识

1.2.1　认识 UG NX 7.0 界面

　　单击"开始"→"程序"→"UG NX 7.0"→"NX 7.0"，启动 UG 7.0，在"标准"工具栏

上单击"新建"按钮，弹出"新建"对话框。在该对话框中输入文件名称、文件保存路径后，单击"确定"按钮，进入 UG NX 7.0 的工作界面，如图 1-3 所示。UG NX 7.0 的工作界面主要由标题栏、菜单栏、工具栏、资源板、绘图区、状态栏等部分组成。

图 1-3　UG NX 7.0 的工作界面

（1）标题栏。标题栏显示软件的名称及其版本名、当前正在操作的部件的文件名称。在标题栏的右侧有三个工具按钮："最小化"按钮、"最大化"按钮和"关闭"按钮。

（2）菜单栏。菜单栏包含了该软件的主要功能命令。菜单栏由文件、编辑、视图、插入、格式、工具、装配、信息、分析、首选项、窗口、帮助共 12 个菜单项组成。

（3）工具栏。工具栏是选择菜单栏中相关命令的快捷按钮的集合，巧用工具栏上的工具按钮可以提高命令的操作效率。UG 各应用模块间可以实时相互切换。在不同的模块会显示相应模块的工具条。

工具栏是一组图标，它按类别将 UG 的同组命令集合在一起。初次启动 UG 后，为了使用户能拥有较大的绘图空间，在默认方式下系统只会显示一些常用的工具栏及该工具栏上的常用按钮，而不是显示所有的工具栏或该工具栏上的全部图标按钮，这时用户可以根据需要来定制系统的工具栏。定制具体工具图标按钮时，在工具栏的任何位置单击鼠标右键，选择"定制"命令，出现如图 1-4 所示的对话框。在"工具条"选项卡上要调用所需的工具栏，选中该工具栏名称前的复选框即可。切换到"定制"对话框中的"选项"选项卡，可以设置显示菜单和工具条上的屏幕信息，设置工具条图标的大小，如图 1-5 所示。设置好相关选项后，单击"关闭"按钮。

（4）状态栏。主窗口左上角的命令提示行显示了当前选项所要求的提示信息，这些信息提醒用户需要进行的下一步操作，有利于用户掌握具体命令的使用。初学者要特别注意命令提示行的相关信息。

（5）资源板。资源板包括一个资源条和相应的显示列表框。在资源条上包括装配导航

图 1-4　"定制"对话框

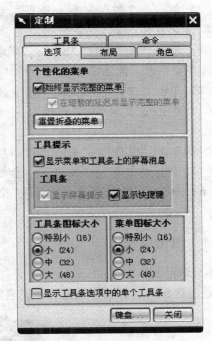

图 1-5　"定制"对话框的
"选项"选项卡

器、部件导航器、加工向导、重用库、历史记录、角色等。在资源条上可以很方便地获取所需要的信息。

（6）绘图区。绘图区是绘图工作的主区域。在绘图模式中，绘图区会显示光标选择球和辅助工具栏，进行建模工作。

1.2.2　UG 文件操作

1. 新建文件

单击"文件"→"新建"命令，或单击"标准"工具栏中的 按钮，弹出"新建"对话框。选择新建零件的单位：毫米/英寸。在"名称"文本框中输入文件名，文件名中不能包含中文字符。在"文件夹"中输入文件放置路径，UG 文件所在的文件路径的名称不能包含中文字符及/、?、*等符号。最后单击"确定"按钮。

2. 打开文件

单击"文件"→"打开"命令，或单击"标准"工具栏中的 按钮，弹出"打开"对话框，选择已存部件文件，单击"确定"按钮将其打开，或直接双击打开该部件文件。UG允许同时打开多个文件进行编辑，但绘图窗口中只能显示一个活动文件。如果需要将其他文件切换为当前活动文件，可以在主菜单"窗口"的下拉菜单中选择文件。

3. 保存文件

（1）单击"文件"→"保存"命令，以原文件名快速保存当前文件。

（2）单击"文件"→"另存为"命令，换名保存当前文件。

（3）单击"文件"→"保存所有"命令，以原文件名快速保存当前所有打开的文件。

4. 关闭文件

（1）单击"文件"→"关闭"→"所选部件关闭"命令，选择需要关闭的文件，系统打开文件选择对话框。此选项一般用于同时编辑多个文件的情况。

（2）单击"文件"→"关闭"→"关闭所有文件"命令，关闭所有的文件。

（3）单击"文件"→"关闭"→"保存并关闭"命令，保存并关闭当前正在编辑的文件。

（4）单击"文件"→"关闭"→"另存为并关闭"命令，将当前文件换名保存并关闭。

（5）单击"文件"→"关闭"→"全部保存并关闭"命令，保存并关闭所有文件。

（6）单击"文件"→"关闭"→"全部保存并退出"命令，保存所有文件并退出 UG 系统。

1.2.3 视图操作

1. 鼠标操作

通过鼠标左、右键＋滚轮可以快速实现基本视图操作，如图 1-6 所示。

图 1-6 鼠标键示意图

2. 快捷菜单

将鼠标放在绘图区域，单击鼠标右键，弹出如图 1-7 所示快捷菜单。部分菜单项功能说明见表 1-1。

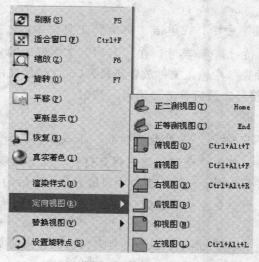

图 1-7 快捷菜单

表 1-1　部分菜单项功能说明

选　　项	快捷键	说　　明
刷新	F5	刷新绘图窗口视图,在 UG 执行操作时,如果图形显示混乱或者不完全,可以应用此选项刷新当前视图
适合窗口	Ctrl + F	最大化显示所有图形到当前绘图屏幕
缩放	F6	以窗口方式放大所选择的矩形区域
旋转	F7	应用此命令时,图形窗口中的光标变成旋转光标,此时可以拖动鼠标进行空间旋转
平移	—	可以拖动光标移动视图到屏幕的任何位置
恢复	—	在大多数情况下,可以恢复视图到其初始视图状态
渲染样式	—	可以控制视图的着色方式 带边着色视图 着色视图 线框模型视图 艺术外观 面分析 局部着色
定向视图	—	可以通过指定方位来改变视图得到一个标准视图,如俯视图、左视图、前视图等

1.2.4　常用工具和基本工具

1.点构造器

点构造器是指选择或者绘制一个点的方法。单击"曲线"工具栏中的"点"按钮,或者单击"插入"→"基准/点"→"点"命令,弹出如图 1-8 所示的"点"对话框。"点"对话框给出了两种方式来创建点:在窗口的最上方通过"类型"选项组中的选项捕捉点和在窗

图 1-8　"点"对话框(点构造器)

口中输入基点坐标值精确创建点。

（1）捕捉点方法。用户可在"点"对话框中选择"类型"选项组中的相关方法，然后在图形区直接单击鼠标来选择点，如图 1-8 所示。"类型"选项组中主要选项的含义介绍如下：

◆自动判断的点：根据鼠标所指的位置自动推测各种离光标最近的点，可用于选取光标的位置、存在点、端点、控制点、圆弧/椭圆弧中心等，涵盖了所有点的选择方式。

◆光标位置：通过定位十字光标，在屏幕上的任意位置创建一个点，该点位于工作平面上。

◆现有点：在某个存在点上创建一个点，或通过选择某个存在点指定一个新点的位置。

◆终点：根据鼠标选择的位置，在存在的直线、圆弧、二次曲线及其他曲线的端点上指定新点的位置。如果选择的对象是完整的圆，那么端点为圆的起始点。

◆控制点：在几何对象的控制点上创建一个点。这与几何对象类型有关，可以是存在点、直线的中点和端点、开口圆弧的端点和中点、圆的中心点、二次曲线的端点或其他曲线的端点。

◆交点：在两段曲线的交点上，或者一条曲线和一个曲面或一个平面的交点上创建一个点。若两者的交点多于一个，则系统在靠近第二个对象处创建一个点或规定新点的位置。若两段平面曲线并未实际相交，则系统会选取两者延长线上的相交点。若选取的两段空间曲线并未实际相交，则系统在最靠近第一个对象处创建一个点或规定新点的位置。

◆圆弧中心/椭圆中心/球心：在选取的圆弧、椭圆、球的中心创建一个点。

◆圆弧/椭圆上的角度：在与坐标轴 XC 正向成一定角度（沿逆时针方向测量）的圆弧、椭圆弧上创建一个点。

◆象限点：在圆弧或椭圆弧的四分点处指定一个新点的位置。需要注意的是，所选取的四分点是离光标选择球最近的四分点。

◆点在曲线/边上：通过设置"U 参数"的值在曲线或者边上指定新点位置。

◆点在面上：通过设置"U 参数"和"V 参数"的值在曲面上指定新点位置。

◆两点之间：通过选择两点，在两点的中点创建新点。

（2）输入基点坐标值。在"坐标"对话框中输入移动的值，先选择在哪个坐标系中移动，选择"相对于 WCS"单选按钮，三个坐标分别为 XC、YC、ZC。如果选择"绝对"单选按钮，则坐标变为绝对坐标系，三个坐标分别为 X、Y、Z，在三个坐标栏中输入移动的值，则原点移动到选定的坐标的相应坐标点上。

2. 矢量构造器

UG 建模还经常用到如图 1-9 所示的"矢量"对话框来构造矢量位置。矢量定义的方式有两种：一种是使用矢量定义选项来确定；另一种是直接输入各坐标分量来确定。

矢量定义方式可通过"类型"下拉列表框来任意。

◆ 自动判断的矢量：系统根据选择的对象自动推断定义的矢量。

◆ 两点：设定空间两点来确定一个矢量，其方向为由第一个点指向第二个点。

◆ 与 XC 成一角度：在 XC-YC 平面上定义与 XC 轴成一定角度的矢量。

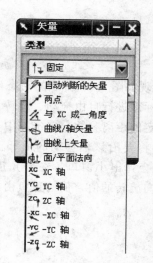 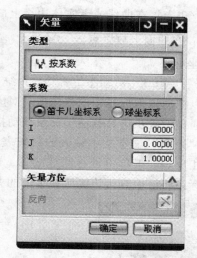

图 1-9　"矢量"对话框

◆ 曲线/轴矢量：通过选择边缘/曲线来定义一个矢量。

◆ 曲线上矢量：定义选择曲线的某一位置的切向矢量（该位置以设定弧长或曲线弧长的百分比方式确定）。

◆ 面/平面法向：定义一个与平面法线或圆柱面轴线平行的矢量。

◆ ±XC 轴：定义一个与 XC 正负轴平行或与存在坐标系 X 正负轴平行的矢量。

◆ ±YC 轴：定义一个与 YC 正负轴平行或与存在坐标系 Y 正负轴平行的矢量。

◆ ±ZC 轴：定义一个与 ZC 正负轴平行或与存在坐标系 Z 正负轴平行的矢量。

◆ 按系数：在 UG NX 中可以选择"笛卡儿坐标系"和"球坐标系"，输入坐标分量来建立矢量，如图 1-9 所示。当选择"笛卡儿坐标系"单选按钮时，可输入 I、J、K 坐标分量确定矢量；当选择"球坐标系"单选按钮时，可输入 Phi（矢量与 XC 轴的夹角），Theta（矢量在 XC-YC 平面上的投影与 XC 轴的夹角）。

1.2.5　坐标系操作

1. 移动坐标系

用户坐标系（WCS）是可以移动的，单击"格式"→"WCS"→"原点"命令，打开如图 1-10 所示的"点"对话框。该命令仅仅移动 WCS 的位置，而不改变各坐标轴的方向，即移动后的坐标系的各坐标轴与原坐标轴是平行的。

定义原点时，先单击各按钮激活捕捉点方式，然后单击要捕捉点的对象，系统自动按相应方式生成点。主要捕捉点方式如下：

十 自动判断的点：根据鼠标点取的位置，系统自动推断出选取点。

↑ 交点：在两段曲线的交点上，或者一条曲线和一个曲面或一个平面的交点上创建一个点。

◉ 圆弧中心/椭圆中心/球心：选取圆弧、椭圆、球的中心创建一个点。

✎点在曲线/边上：在曲线或者实体边缘上放置点。

🪙点在面上：在曲面上放置点。

2. 动态变换坐标系

单击"格式"→"WCS"→"动态"命令，系统出现如图 1-11 所示的动态坐标系。用户根据工作的需要可以拖动该坐标系中的移动把手对坐标系进行自由拖动、旋转，重新定义工作坐标系，也可以通过设置步进参数使坐标系移动指定的距离参数。单击其中一条轴就会弹出活动小窗口，在"距离"文本框中输入的数值表示将要沿该轴移动的值，正值向正方向移动，而负值正好相反。如果单击带小圆球的弧，就会弹出小窗口，在"角度"文本框中输入的数值表示坐标系将沿垂直于该弧所在平面的方向旋转的值，值的正负由右手定则决定。

图 1-10 "点"对话框（移动坐标系）

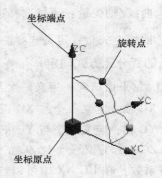

图 1-11 动态坐标系

3. 旋转坐标系

单击"格式"→"WCS"→"旋转"命令，弹出如图 1-12 所示的坐标系旋转对话框。旋转的作用是将当前的 WCS 绕其某一坐标轴旋转一个角度，来定义一个新的 WCS。对话框中提供了 6 个确定旋转方向的单选按钮，旋转轴分别为三个坐标轴的正、负方向，旋转方向的正向用右手定则来判定。确定了旋转方向以后，在"角度"文本框中输入旋转的角度，再单击"确定"按钮。

4. 定义坐标系

WCS 命令菜单中有三个定义坐标的命令：定向、更改 XC 方向和更改 YC 方向。

（1）单击"格式"→"WCS"→"定向"命令，弹出如图 1-13 所示的 CSYS 对话框。该对话框提供了多种构造坐标系的方法，其中比较常用的有以下几种。定义坐标系时，先在对话框中选取定义坐标系的类型，然后按相应的操作来完成定义。

◆自动判断：根据选取位置的不同，系统自动推断出坐标系的方位。

◆动态：选取一点作为原点，动态地改变工作坐标系的原点与方向。

◆原点，X 点，Y 点：通过选取原点、X 点、Y 点来确定坐标系。

◆X 轴，Y 轴：通过选择两个矢量方向建立坐标系，以两个矢量的交点作为新坐标系的

原点，以第 1 个矢量为 X 轴正向，从第 1 个矢量到第 2 个矢量按右手定则确定 Y 轴
方向和 Z 轴方向。

◆X 轴，Y 轴，原点：通过选择两条相交直线和设定一个点来定义工作坐标系。所选的
　一条直线方向为 XC 轴正向，ZC 轴正向由第 1 条直线方向到第 2 条直线方向按右手
　定则来确定。坐标原点设为定点。

◆偏置 CSYS：用已存在的工作坐标系通过偏移来生成新的工作坐标系，偏移量的生成
　由 XC、YC、ZC 三个方向设定，新坐标轴的方向与原来的相同。

（2）单击"格式"→"WCS"→"更改 XC 方向"命令，将会弹出"点"对话框。不同的
只是输入一个位于 XY 平面上的点，使 X 轴方向指向该点，此时的 Z 值是无效的。

"更改 YC 方向"命令的使用方式和"更改 XC 方向"的使用方式差不多，不同的是它
所改变的是 YC 轴的方向。

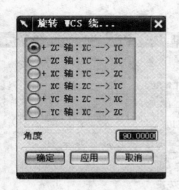

图 1-12　坐标系旋转对话框

图 1-13　CSYS 对话框

5. 保存和显示坐标系

单击"格式"→"WCS"→"保存"或"显示"命令，就可以完成保存坐标系或显示坐标
系的操作。

1.2.6　图层操作

在建模过程中，可以将不同类型的对象置于不同的图层中，并可以方便地控制图层的状
态，使复杂的设计过程具有条理性，提高设计效率。一个 UG 部件可以包含 1 ~ 256 个层，
层类似于透明的图纸，每个层可放置各种类型的对象。通过层可以将对象隐藏和显示，提高
可视化。"格式"菜单栏中包含了所有的"图层"命令，如图 1-14 所示。

◆在视图中可见：针对某一视图，控制层的可见或不可见。

◆图层类别：创建图层组以简化相关层的可见性及选择状态的改变。

◆移动至图层：将对象从一个图层移动到另一个图层。

◆复制至图层：将对象从一个图层复制到另一个图层。

工作图层是可选择的，所有新创建的对象都在工作图层上，任何时候都必须有一个图层
为工作层。

1. 图层设置

单击"格式"→"图层设置"命令，系统弹出如图 1-15 所示的"图层设置"对话框。在

该对话框中可以设置工作图层、可见和不可见图层、定义图层的类别名称等。

工作图层：输入图层的号码后，按 < Enter > 键即可将该图层切换为当前工作图层。设定某个层为工作图层后，其后的一些操作所建立的特征就属于该层。

在图层状态列表框中选择某一图层，右键单击可改变图层的显示状态。

◆ 可选：若图层状态为可选择时，系统允许选取属于该图层的对象，即该图层是开放的。

◆ 工作的：此选项可用于将所指定的图层设为工作层（仅可选取单一图层），并在图层号码右方显示"Work"，表示该图层为工作图层。

◆ 不可见：此选项可用于将所指定的图层的属性设定为不可见的。当图层状态为"不可见"时，系统会隐藏所有属于该图层的对象，且不能选取。

◆ 仅可见：此选项可用于将所指定的图层的属性设定成为仅可见的。当图层状态为"仅可见"时，系统同样会显示该图层的对象，但不能进行编辑，也不能选取，并在图层文字右方显示"Visible"。

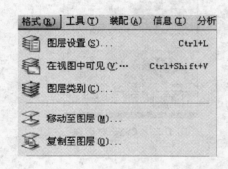

图 1-14　图层操作菜单

图 1-15　"图层设置"对话框

2. 移动至图层

单击"格式"→"移动至图层"命令，弹出"类选择"对话框，如图 1-16 所示；在对话框中选择要移动的对象，单击"确定"按钮，弹出"图层移动"对话框，如图 1-17 所示；在对话框的"目标图层或类别"文本框中输入移动的目标层名称，或者在"图层"列表框中选择一个目标层，单击"确定"按钮，完成移动。

3. 复制至图层

单击"格式"→"复制至图层"命令，弹出"类选择"对话框；在"类选择"对话框中选择要复制的对象，单击"确定"按钮，弹出"图层复制"对话框；在"图层复制"对话框的"目标图层或类别"文本框中输入复制的目标层名称，单击"确定"按钮，完成复制。

1.2.7　编辑操作

1. 对象的显示编辑

单击"编辑"→"对象显示"命令，系统弹出"类选择"对话框。利用该对话框选择要

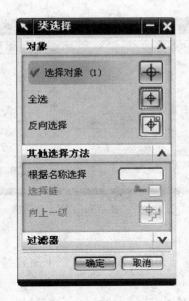

图 1-16　"类选择"对话框

图 1-17　"图层移动"对话框

编辑显示方式的对象，然后单击"确定"按钮，弹出"编辑对象显示"对话框，如图 1-18 所示。

"编辑对象显示"对话框中"常规"选项卡的相关参数的含义如下：

（1）"基本"选项组。

◆图层：设置放置对象的图层，可指定 1～256 编号的图层名称。

◆颜色、线型和宽度：设置对象的颜色、线型和宽度。

（2）"着色显示"选项组。

◆透明度：设置所选对象的透明度，以便于用户观察对象的内部情况。

◆局部着色：选中"局部着色"复选框，可对所选对象进行部分着色。

◆面分析：选中"面分析"复选框，可对所选对象进行面分析。

（3）"线框显示"选项组。设置实体或片体以线框显示时在 U 和 V 方向的栅格数量。

2. 对象的隐藏

单击"编辑"→"显示和隐藏"→"显示和隐藏"命令，弹出"显示和隐藏"对话框，如图 1-19 所示。通过单击"＋"或"－"按钮，显示或隐藏对象，使用非常方便。

3. 对象的删除

单击工具栏上的"删除"按钮，或者单击"编辑"→"删除"命令，弹出"类选择"对

图 1-18　"编辑对象显示"对话框

话框，选择需要删除的对象后，单击"确定"按钮即可。

1.2.8　草图

1. 草图概述

草图是组成一个轮廓曲线的集合，是一种二维成形特征。轮廓可以用于拉伸或旋转特征，可以用于定义自由形状特征的生成母线外形或过曲线片体的截面。

尺寸和几何约束可以用于建立设计意图及提供参数驱动改变模型的能力。

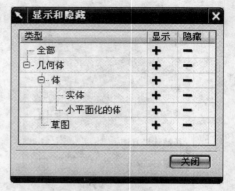

图 1-19　"显示和隐藏"对话框

2. 草图的特点

◆在草图上创建的特征与草图相关，改变草图尺寸或几何约束将引起草图上所建特征的相应改变。

◆草图是一种二维设计特征，是构成实体模型的组成特征之一。所以，它们被列于部件导航树中，由部件导航树支持的任何编辑功能对草图都是有效的。

3. 草图平面

单击按钮 后，弹出如图 1-20 所示的"创建草图"对话框。在该对话框中可以设置工作平面。如果选择"现有平面"，则可以在绘图工作区中选择 XC-YC、ZC-XC 或 ZC-YC 平面作为工作平面，也可以选择一个已经存在实体的某一平面作为草图的工作平面。如果选择"创建平面"，则系统提供平面构造器来创建工作平面。选择或创建平面后，单击"确定"按钮，就会进入草图模式。在一个草图中创建的所有草图几何对象都是在该草图上完成的。

4. 草图环境首选项

草图环境首选项可以更改标注尺寸时的文本高度、尺寸数值的表达方式，以及草图图素的颜色。在菜单栏中单击"首选项"→"草图"命令，弹出"草图首选项"对话框，如图 1-21 所示。"草图首选项"对话框中"草图样式"选项卡的相关参数的含义如下。

（1）尺寸标签。显示尺寸标注的样式，如图 1-22 所示。

◆表达式：以表达式的形式来表达尺寸值，包括变量名称和尺寸数值。

◆名称：仅显示尺寸变量的名称。

◆值：仅显示尺寸数值。

（2）文本高度。标注尺寸的文本高度。

（3）创建自动判断的约束。在进行草图绘制前，可以预先设置相应的约束类型。在绘制草图时，系统可以自动判断相应的位置进行绘制，有效地提高草图绘制的速度。

5. 建立草图对象

利用图 1-23 所示"草图工具"工具栏中的按钮，可以在草图中直接绘制草图曲线。

（1）轮廓。在"草图工具"工具栏中单击"轮廓"按钮 ，将以线串模式创建一系列的直线与圆弧的连接几何图形。上一条曲线的终点变成下一条曲线的起点，当绘制一条曲线

图 1-20 　"创建草图"对话框　　　图 1-21 　"草图首选项"对话框　　　图 1-22 　尺寸标注的样式

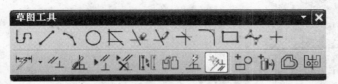

图 1-23 　"草图工具"工具栏

后，默认的下一命令是"直线"。若要绘制圆弧，则每次绘制圆弧时都要单击一次"圆弧"按钮，否则系统将自动激活绘制直线。单击"草图工具"工具栏上的"轮廓"按钮 🔄，系统弹出"轮廓"对话框，如图 1-24 所示。

1）对象类型。绘制对象的类型。

◆ 📏 直线：指绘制连续轮廓直线。在绘制直线时，若选择坐标模式，则每一条线段的
　起点和终点都以坐标显示；若选择参数模式，则可以直接输入线段的长度和角度
　来绘制线段。

◆ 🔄 圆弧：指绘制连续轮廓圆弧。

2）输入模式。参数的输入模式。

◆ **XY** 坐标模式：以 x、y 坐标的方式来确定点的位置。

◆ 参数模式：以参数模式确定轮廓线的位置及距离。

如果要中断线串模式，按鼠标中键或单击"轮廓"按钮，在文本框中输入数值，按
〈Tab〉键可以在不同的文本框中切换编辑。

（2）直线。以约束推断的方式创建直线，每次都需指定两个点。"直线"对话框如图
1-25 所示。可以在 XC、YC 文本框中输入坐标值或应用自动捕捉来定义起点，确定起点后，
将激活直线的参数模式，此时可以通过在"长度"、"角度"文本框中输入值或应用自动捕
捉来定义直线的终点。

（3）矩形。在"草图工具"工具栏上单击"矩形"按钮 ▢，弹出"矩形"对话框，
如图 1-26 所示。创建矩形的方式有以下三种。

图 1-24　"轮廓"对话框　　　　图 1-25　"直线"对话框　　　　图 1-26　"矩形"对话框

◆ ：以矩形的对角线上的两点创建矩形，如图 1-27a 所示。

◆ ：用三点来定义矩形的形状和大小，第 1 点为起始点，第 2 点确定矩形的宽度和角度，第 3 点确定矩形的高度，如图 1-27b 所示。

◆ ：此方式也是用三点来创建矩形，第 1 点为矩形的中心；第 2 点确定矩形的宽度和角度，其和第 1 点的距离为所创建的矩形宽度的一半；第 3 点确定矩形的高度，其与第 2 点的距离等于矩形高度的一半，如图 1-27c 所示。

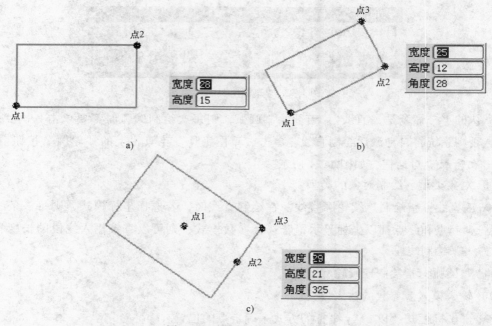

图 1-27　矩形的三种创建方式
a）用两点创建矩形　b）用三点创建矩形　c）从中心创建矩形

（4）圆弧。通过三点或指定其中心和端点创建圆弧。

在工具栏中单击"圆弧"按钮 ，弹出"圆弧"对话框，如图 1-28 所示。创建圆弧的方式有以下两种。

◆ 通过三点的圆弧：用三个点来创建圆弧。

◆ 通过圆心和端点创建的圆弧：以圆心和端点的方式创建圆弧。

（5）圆。通过指定三点或指定其圆心和半径来创建圆。在工具栏中单击按钮 ，弹出"圆"对话框，如图 1-29 所示。

图 1-28　"圆弧"对话框

图 1-29　"圆"对话框

◆ 以中心和直径创建圆：指定中心点后，在"直径"文本框中输入圆的直径，按〈Enter〉键完成圆的创建，如图 1-30a 所示。

◆ 通过三点创建圆：以三点的方式创建圆，如图 1-30b 所示。

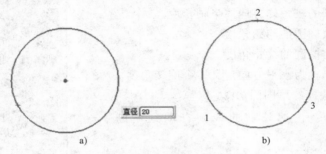

图 1-30　圆的创建

（6）派生直线。利用"派生直线"命令，可以选取一条直线作为参考直线来生成新的直线。单击"草图工具"工具栏中的"派生直线"按钮，选取所需偏置的直线，然后在文本框中输入偏置值即可。当选择两条直线作为参考直线时，通过输入长度数值，可以在两条平行直线中间绘制一条与两条直线平行的直线，或绘制两条不平行直线所成角度的平分线。

（7）艺术样条。单击"草图工具"工具栏中的"艺术样条"按钮，弹出"艺术样条"对话框，如图 1-31 所示。创建艺术样条的方式有以下两种。

通过点：创建的样条完全通过点，定义点可以捕捉存在点，也可用鼠标直接定义点，如图 1-32a 所示。

图 1-31　"艺术样条"对话框

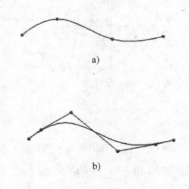

图 1-32　创建"艺术样条"的两种方式

a）通过点方式　b）根据极点方式

根据极点：用极点来控制样条的创建，极点数应比设定的阶次至少大 1，否则将会创建失败，如图 1-32b 所示。

（8）椭圆。在"草图工具"工具栏上单击"椭圆"按钮，弹出"椭圆"对话框，如图 1-33 所示。在该对话框中指定椭圆中心点的位置，设置椭圆的各参数，单击"确定"按钮。创建的椭圆如图 1-34 所示。

"椭圆"对话框中各参数的含义如下。

◆大半径：椭圆的较长侧方向的半轴长度。

◆小半径：椭圆的较短侧方向的半轴长度。

◆起始角：开放椭圆的起始角度。

◆终止角：开放椭圆的终止角度。

◆旋转：以长半轴为水平方向定义一个旋转角度。

（9）几个方便快捷的草图画法。

◆ 快速修剪：快速修剪曲线到自动判断的边界。

任意画线，只要与多余线段相交，则会自动修剪曲线到自动判断的边界，如图 1-35 所示。

◆ 快速延伸：快速延伸曲线到自动判断的边界。

任意画线，则会自动延伸曲线到自动判断的边界，如图 1-36 所示。

◆ 草图圆角：给选中的两个或三个对象倒圆角。

任意画线，与之相交的两边界便会自动倒圆角，圆角的大小由系统自动判断，如图1-37 所示。

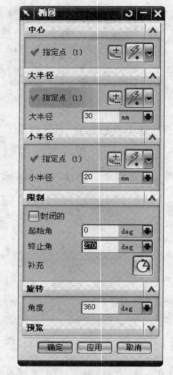

图 1-33 "椭圆"对话框

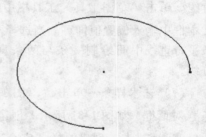

图 1-34 创建的椭圆

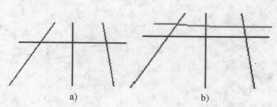

图 1-35 快速修剪

a）原始曲线 b）任意画线 c）修剪后结果

（10）偏置曲线。即将草图平面上的曲线沿指定方向偏置一定距离而产生新曲线。单击"偏置曲线"按钮 ，弹出"偏置曲线"对话框，如图 1-38 所示。选择任意一特征线为"要偏置的曲线"，整个草图被选中，然后进行参数设置，再单击"确定"按钮，偏置效果如图 1-39 所示。

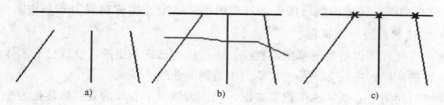

图 1-36　快速延伸
a）原始曲线　b）任意画线　c）延伸后结果

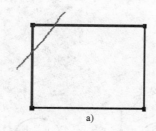 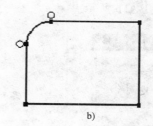

图 1-37　快速倒圆
a）任意画线　b）倒圆角后结果

图 1-38　"偏置曲线"对话框　　　　图 1-39　偏置曲线效果

"偏置曲线"对话框各选项的说明如下。

◆ 距离：偏置的距离。

◆ 反向：使用相反的偏置方向。

◆ 创建尺寸：选中该复选框将创建一个偏置距离的标注尺寸。

◆ 对称偏置：在曲线的两侧等距离偏置。

◆ 副本数：设定等距离偏置的数量。

◆ 端盖选项：设定如何处理曲线的拐角。

　　（11）镜像曲线。镜像曲线适用于轴对称图形，单击"镜像曲线"按钮 ⊞，弹出如图 1-40 所示的"镜像曲线"对话框。

　　◆镜像中心线：可以是当前草图的直线，也可以是已有草图的直线或已有实体的边。

　　◆要镜像的曲线：曲线必须是当前草图中绘制的曲线。

　　◆转换要引用的中心线：选中该复选框，则作为镜像中心线的直线将转换为中心线，此项只在使用当前草图直线作为中心线时才有效。

　　依次单击"选择中心线"和"选择曲线"，如图 1-41a 所示，单击"确定"按钮，完成曲线的镜像，如图 1-41b 所示。

图 1-40　"镜像曲线"对话框

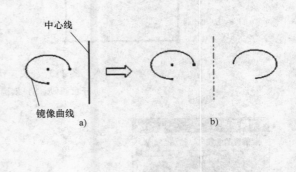

图 1-41　镜像曲线

　　（12）投影曲线。投影曲线是将草图外部的曲线、边、点沿草图平面的法向投影到草图上。可投影所有的二维曲线、实体、片体的边缘。

　　单击"草图工具"工具栏中的"投影曲线"按钮 ⬌，弹出"投影曲线"对话框，如图 1-42 所示。选择图 1-43a 所示的顶面一周棱边，单击"确定"按钮，创建的投影曲线如图 1-43b 所示。

图 1-42　"投影曲线"对话框

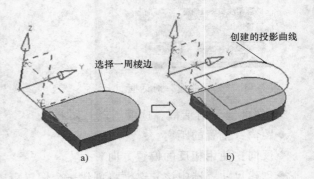

图 1-43　创建投影曲线

　　（13）激活草图。尽管在部件中可能存在很多草图，但每次只能激活一个草图。只有处于激活状态的草图才能对其进行编辑。要使草图成为激活的草图，有以下几种方法：

◆在"部件导航器"中选中某一草图，单击鼠标右键，在弹出的快捷菜单中选择"编辑"命令。

◆在"部件导航器"中双击某一草图。

◆在建模环境中双击需激活的草图上的任一对象。

◆进入草图环境，在"草图生成器"中选择需激活的草图名。

注意：建模环境中的草图不能被修剪、倒圆，但可以作为修剪曲线的边界。要编辑草图，需先激活草图。

1.2.9　草图约束

建立草图对象后，需要对草图对象进行必要的约束。草图约束将限制草图的形状和大小。约束有两种类型：尺寸约束和几何约束。尺寸约束就是对草图线条标注详细的尺寸，通过尺寸来驱动线条变化，用于限制对象的大小。几何约束就是对线条之间施加平行、垂直、相切等约束，充分固定线条之间的相对位置，用于限制对象的形状。

1. 尺寸约束

尺寸约束的功能是限制草图的大小和形状。在"草图约束"工具栏中单击"自动判断的尺寸"下拉按钮，然后选择相应的尺寸标注方式，或者单击"自动判断的尺寸"按钮 ，弹出"尺寸"对话框，在对话框中单击按钮，"尺寸"对话框变为如图 1-44 所示的形式，尺寸标注方式位于对话框的上部，选择相应的方式即可。

图 1-44　尺寸约束

尺寸标注方式的相关介绍如下。

自动判断：选择该方式时，系统根据所选择的草图对象的类型和光标与所选对象的相对位置，采用相应的标注方法。当选择水平线时，采用水平尺寸标注方式；当选择垂直线时，采用竖直尺寸标注方式；当选择斜线时，根据鼠标位置可按水平、竖直或者平行方式标注；当选择圆弧时，采用半径标注方式；当选择圆时，采用直径标注方式。

水平：选择该方式时，系统对所选择的对象进行水平方向的尺寸标注。在绘图区中选取一个对象或不同对象的两个点，则用两点的连线在水平方向的投影长度进行尺寸标注。

竖直：选择该方式时，系统对所选对象进行竖直方向（平行于草图工作坐标的 YC 轴）的尺寸标注。标注该类尺寸时，选取同一对象或不同对象的两个控制点，则用两点的连线在竖直方向的投影长度标注尺寸。

平行：选择该方式时，系统对所选对象进行平行于对象的尺寸约束。标注该类尺寸时，选取同一对象或者不同对象的两个控制点，则用两点连线的长度标注尺寸（标注两控制点之间的距离）。尺寸线平行于所选两点的连线方向。

垂直：选择该方式时，系统对所选的点到直线的距离进行约束。标注该类尺寸时，先选取一条直线，再选取一点，则系统用点到直线的垂直距离长度标注尺寸，尺寸线垂直于所选取的直线。

⊘直径：选择该方式时，系统会对所选择的圆弧对象进行尺寸约束。标注该类尺寸时，先选取一圆弧，则系统直接标注圆弧的直径尺寸。在标注尺寸时，所选择的圆弧和圆必须是在草图模式中。

╳半径：选择该方式时，系统会对所选择的圆弧对象进行约束，标注半径尺寸。

◺成角度：选择该方式时，系统对所选择的两条直线进行角度尺寸约束。标注该类尺寸时，一般在远离直线交点的位置选择两直线，则系统会标注这两条直线之间的角度。

⟮⟯周长：选择该方式时，系统对所选择的多个对象进行周长的尺寸约束。标注该类尺寸时，选取一段或者多段曲线，则系统会标注这些曲线的长度。

2. 几何约束

几何约束建立起草图对象的几何特性（如要求某一直线具有固定长度），或者两个或更多草图对象间的关系类型（如要求两条直线垂直或平行，或者几个弧具有相同的半径）。

在 UG 系统中，几何约束的种类是多种多样的，常用的有以下几种：

→水平：该类型定义直线为水平直线（平行于工作坐标的 XC 轴）。

↑竖直：该类型定义直线为垂直直线（平行于工作坐标的 YC 轴）。

⊥固定：该类型是将草图对象固定在某个位置上。不同的几何对象有不同的固定方法，点一般固定其所在的位置；线一般固定其方向或端点；圆或椭圆一般固定其圆心；圆弧一般固定其圆心或端点。

∥平行：该类型定义两条曲线相互平行。

⊥垂直：该类型定义两条曲线彼此垂直。

═等长：该类型定义选取的两条或多条曲线等长。

╱重合：该类型定义两个点或多个点重合。

╲共线：该类型定义两条或多条直线共线。

┃点在曲线上：该类型定义选取的点在某曲线上。

◎同心：该类型定义两个或多个圆弧（或椭圆弧）的圆心相互重合。

⌐相切：该类型定义选取的两个对象相切。

═等半径：该类型定义选取的两个或多个圆弧等半径。

几何约束在图形区是可见的。单击"显示所有约束"按钮，可以看到所有几何约束，关闭"显示所有约束"，可以使几何约束显示不可见。可以使用"显示/移除约束"按钮，在图形窗口中显示与选择的草图几何体相关的几何约束，或移去指定的约束，也可以在信息窗口中列出关于所有几何约束的信息。

3. 自动创建约束

当将几何体添加到激活的草图，或者几何体由其他 CAD 系统导入时，往往要对这些加入的几何体在所定义的公差范围内自动创建约束，如图 1-45 所示。

4. 自动判断约束设置

在创建草图对象的过程中，自动判断约束中已打开的选项能及时地完成平行、垂直等约束条件的添加，可加快作图过程，其对话框如图 1-46 所示。

图 1-45　"自动约束"对话框

图 1-46　"自动判断的约束"对话框

5. 显示所有约束

"显示所有约束"选项可以显示当前"激活"草图中的所有约束，关闭则不显示。

6. 显示/删除约束

"显示/删除约束"选项可以显示与所选草图几何体相关的几何约束，还可以删除指定的约束，或列出有关所有几何约束的信息。

7. 动画尺寸

即动态显示在一指定范围内改变某一尺寸的效果，选择尺寸影响的几何体也被动画。单击"应用"或"确定"按钮即开始动画。在"动画"窗口中单击"停止"按钮，可以停止动画。

8. 转换至/自参考草图对象

单击"转换至/自参考草图对象"按钮，转换曲线或草图尺寸从激活到参考，或从参考返回到激活。参考尺寸显示在草图中，但它不控制草图几何体。草图对象转换为参考对象后，线型会自动转变为双点画线。当拉伸或旋转一草图时，不使用它的参考曲线。

9. 备选解

当一个约束作用有多于一个的求解可能时，通过该选项可从一种求解改变到另一种求解。下面以两个示例来说明此选项的用法。

如图 1-47 所示，当将两个圆约束为相切时，同一选择可产生两个不同的解，两个解都是合法的，而备选解按钮可以用于指定所需的解。

图 1-48，显示了如何将这一功能应用到尺寸约束上，以便从一个可能的解更换为另一个可能的解。尺寸约束 p4 对于任一解都是一个合法的约束。

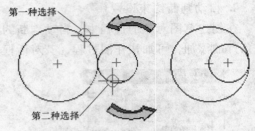

图 1-47　两圆相切的解法

10. 定位草图

对于已经完成的草图，可通过定位方式来约束草图位置或改变草图平面。

1）定位尺寸：该选项可以将整个草图作为相对于已有几何体（边、基准平面和基准轴）的刚性体加以定位。

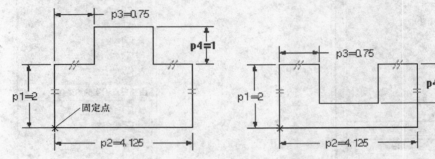

图 1-48　尺寸约束的解法

2）重新附着：可以将草图附着到不同的平面或基准平面，而不是它最初生成时的面，如图 1-49 所示。

注意：重新附着时，如果草图与外部几何体之间存在尺寸约束或几何约束，则应该将其先删除，否则容易出错。

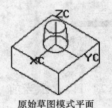
原始草图模式平面

重新附着草图平面

图 1-49　重新附着示例

11. 草图创建技巧

1）每个草图应尽可能简单，可以将一个复杂草图分解为若干个简单草图。

目的：便于约束。

2）每一个草图尽量置于单独的层（Layer）里。

目的：便于管理（Layer 21 to 40）。

3）给每一个草图赋予合适的名称。

目的：便于管理。

4）对于比较复杂的草图，最好避免"构造完所有的曲线，然后再加约束"，这会增加全约束的难度。一般的过程如下：

◆创建第 1 条主要曲线，然后施加约束，同时修改尺寸至设计值。

◆按设计意图创建其他曲线，每创建一条或几条曲线，应随之施加约束，同时修改尺寸至设计值。这种创建几条曲线然后施加约束的过程，可减少过约束、约束矛盾等错误。

5）施加约束的一般次序为：

◆定位主要曲线至外部几何体。

◆按设计意图施加大量几何约束。

◆施加少量尺寸约束（表达设计关键尺寸）。

6）一般不用修剪操作，而采用线串方法或者重合、点在曲线上等约束。

7）一般情况下圆角和斜角不在草图里生成，而用特征操作来生成。

1.3　任务实施

1.3.1　基本训练——推块固定板草图的绘制

1）启动 UG，单击"文件"→"新建"命令，打开"新建"对话框；在该对话框的"名称"文本框中输入"tuikuaigudingban"，并指定保存的文件夹，单击"确定"按钮，如图1-50 所示。

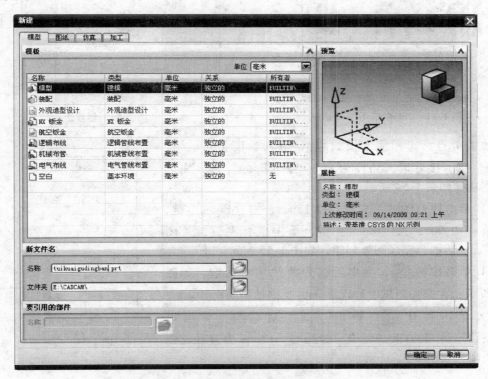

图 1-50　"新建"对话框（推块固定板）

2）指定草图平面。单击"插入"→"草图"命令，进入草图环境，弹出"创建草图"对话框如图 1-51 所示。选择默认的草图平面和草图方向，单击"确定"按钮，此时草图平面如图 1-52 所示。

3）单击"草图工具"工具栏中的按钮 ▭，弹出"矩形"对话框（图 1-26）。矩形第 1 点坐标为 XC = 0，YC = 0。第 2 点坐标为 XC = 62.5，YC = 62.5，输入后按〈Enter〉键，如图 1-53 所示。

4）单击按钮 ⌐，弹出"轮廓"对话框（图 1-24）。输入 XC = 15，YC = 0，该点作为

图 1-51　"创建草图"对话框

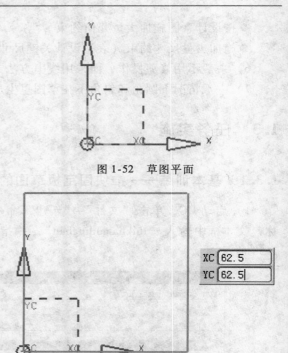

图 1-52　草图平面

图 1-53　创建矩形

线段的第 1 点，选择输入模式，输入长度 18mm，按〈Enter〉键，接着输入角度为 90°，按〈Enter〉键，完成直线创建，如图 1-54 所示。

5）单击按钮，输入半径 15mm，按〈Enter〉键，扫掠角度为 90°，按〈Enter〉键，单击鼠标左键，关闭"轮廓"对话框，完成圆弧创建，如图 1-55 所示。

6）单击按钮，弹出"偏置曲线"对话框，如图 1-56 所示，在偏置距离中输入 3mm，反向使箭头向外。

7）单击按钮，弹出"圆"对话框，分别以（47.5；47.5）和（47.5，0）为圆心，12mm 为直径，创建两个圆，如图 1-57 所示。

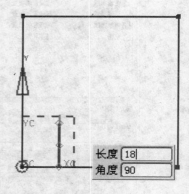

图 1-54　创建直线

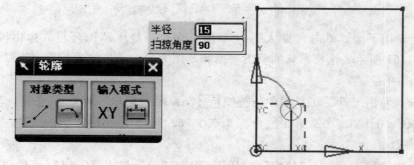

图 1-55　创建圆弧

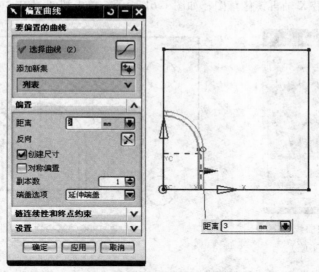

图 1-56　创建偏置曲线

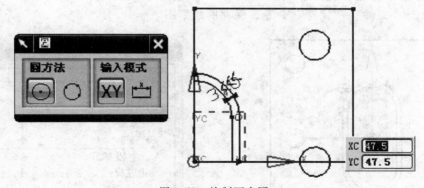

图 1-57　绘制两个圆

8）单击按钮，选择图 1-58 所示草图中的直线 1 和直线 2，将其转换为参考对象。

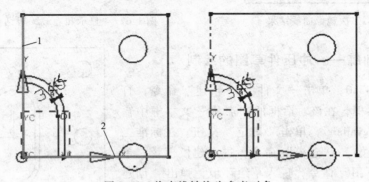

图 1-58　将直线转换为参考对象

9）单击按钮，弹出"镜像曲线"对话框，如图 1-59 所示。选择 Y 轴参考对象为镜像中心线，选择全部草图曲线为要镜像的曲线，单击"应用"按钮，草图曲线镜像结果如图

1-60 所示。同理，沿 X 轴再镜像草图，如图 1-61 所示。单击按钮 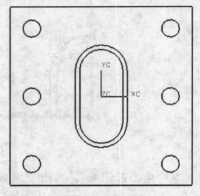 完成草图，完成草图绘制。

图 1-59　"镜像曲线"
对话框（任务实施）

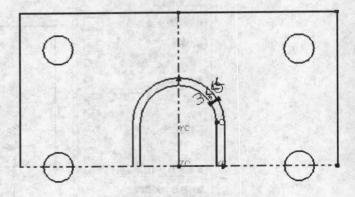

图 1-60　第一次镜像曲线结果

10）单击"编辑"→"显示和隐藏"→"显示和隐藏"命令，弹出如图 1-62 所示的"显示和隐藏"对话框。单击"坐标系"后面的"－"按钮，隐藏基准轴，效果如图 1-63 所示。

11）单击"文件"→"保存"命令，保存所绘草图。

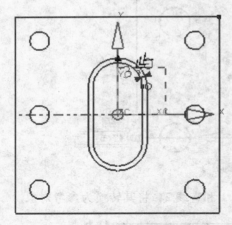

图 1-61　第二次镜像曲线结果

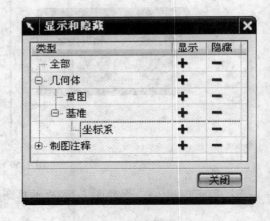

图 1-62　"显示和隐藏"对话框（任务实施）

1.3.2　综合训练——冲压件草图的绘制

1）启动 UG7.0，单击"文件"→"新建"命令，打开"新建"对话框，在该对话框的"名称"文本框中输入文件名"chongyajian"，单击"确定"按钮。在标准工具栏中单击"开始"→"建模"命令，进入建模模块。单击"插入"→"草图"命令，进入草绘环境，弹出"创建草图"对话框，单击"确定"按钮。

2）绘制参考线。单击"草图工具"工具栏中的"直线"按钮 ∕，第 1 条直线的第 1 点坐标为（0，0），

图 1-63　草图形状

第2点的长度为60mm，角度为85°；第2条直线的第1点坐标为（0，0），第2点的长度为60mm，角度为110°。然后创建圆弧。单击"圆弧"按钮，出现"圆弧"对话框，单击其中的按钮，选择圆弧中心坐标（0，0），圆弧半径46mm，扫掠角度为60°，如图1-64所示。

3）创建圆。单击"圆"按钮，选择圆心坐标（0，0），创建直径为21mm和36mm的两个同心圆；捕捉交点1为圆心，如图1-65所示，创建直径为8mm和16mm的同心圆；捕捉交点2为圆心，创建直径为8mm和16mm的同心圆，结果如图1-66所示。选择圆心坐标（48，16），创建直径为8mm和20mm的两个同心圆；选择圆心坐标（13，19），创建直径为8mm的圆，如图1-67所示。

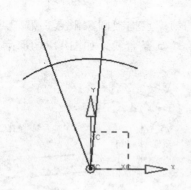

图1-64　绘制参考线

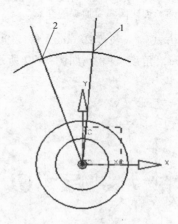

图1-65　捕捉交点为圆心

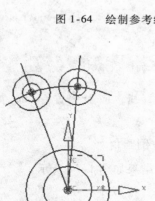

图1-66　创建圆（一）

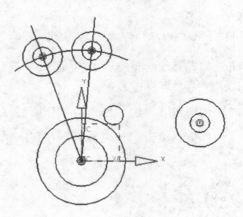

图1-67　创建圆（二）

4）创建圆弧。单击"圆弧"按钮，出现"圆弧"对话框，单击其中的按钮，选择圆弧中心坐标（0，0），圆弧半径捕捉交点1和交点2（图1-68），创建一条圆弧。同理，选择圆弧中心坐标（0，0），圆弧半径捕捉交点3和交点4；选择圆弧中心坐标（0，0），圆弧半径捕捉交点5和交点6；形成的圆弧如图1-69所示。

5）创建直线。单击"直线"按钮，第1条直线的第1点坐标为（-8，10），第2

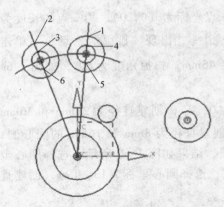

图 1-68　创建圆弧需捕捉的交点

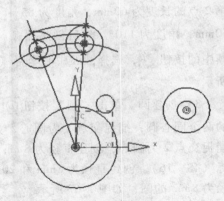

图 1-69　创建圆弧

点极坐标方式输入长度 28mm，角度 90°；第 2 条直线的第 1 点捕捉圆象限点，第 2 点输入长度 20mm，角度 270°，如图 1-70 所示。同理，创建第 3 ~ 5 条直线，如图 1-71 所示。

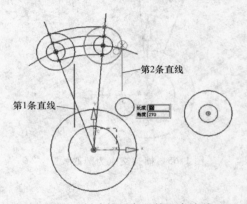

图 1-70　创建第 1 条和第 2 条直线

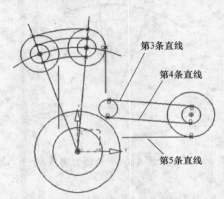

图 1-71　创建第 3 ~ 5 条直线

6）偏置直线。单击"派生直线"按钮 ⬚，选择第 3 条直线，向上偏置 6mm，如图 1-72 所示。

7）倒圆角。单击"圆角"按钮 ⬚，在图 1-73 所示各部位倒圆角。

8）修剪。单击"快速修剪"按钮 ⬚，去除多余的曲线，结果如图 1-74 所示。

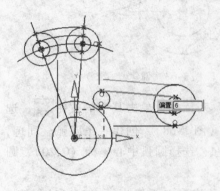

图 1-72　创建派生直线

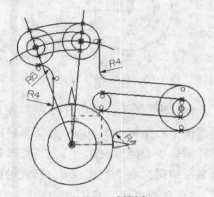

图 1-73　倒圆角

9）单击"完成草图"按钮 ![完成草图]，完成草图绘制。

10）单击"编辑"→"显示和隐藏"→"显示和隐藏"命令，弹出"显示和隐藏"对话框，单击"坐标系"后面的"–"按钮，隐藏基准坐标系，效果如图 1-75 所示。

11）单击"文件"→"保存"命令，保存所绘草图。

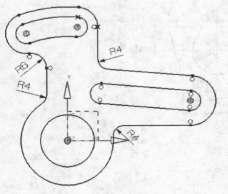

图 1-74   修剪后的草图

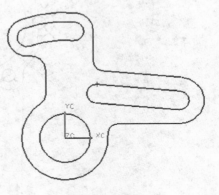

图 1-75   完成草图效果

1.4   训练项目

绘制如图 1-76 所示的三个草图。

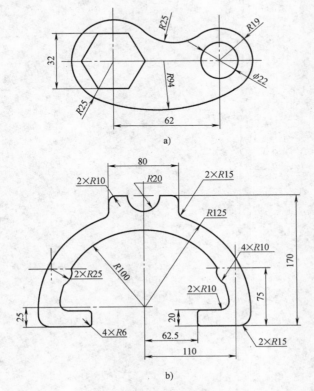

图 1-76   草图曲线

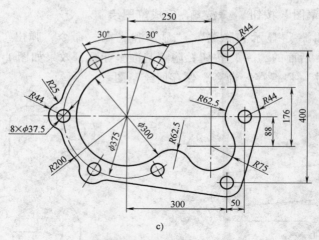

c)

图 1-76　草图曲线（续）

项目2 塑料壳体和笔帽零件三维模型的创建

能力目标

1. 能根据零件图形选择合适的命令完成三维实体零件的造型。
2. 具备对典型模具零件进行正确建模的能力。
3. 会正确使用编辑、修改三维实体零件图样的命令。

知识目标

1. 掌握建模需要的体素特征、扫描特征命令。
2. 掌握创建设计特征的命令。
3. 掌握特征编辑的方法。

2.1 任务引入

建模模块是 UG 中的核心模块，利用它可以自由地表达设计思想和进行创造性的改进设计，从而获得良好的造型效果和造型速度。本项目任务如图 2-1 所示，在介绍完特征建模的相关基础知识后，建立正确的建模思路，综合运用各种建模技巧并最终完成壳体和笔帽制品的三维建模。

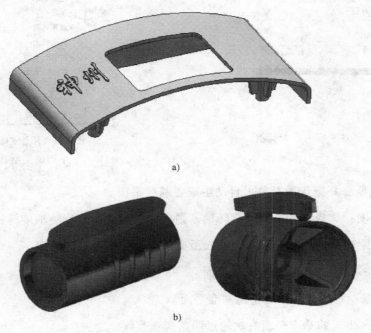

a)

b)

图 2-1 制品图

a) 壳体 b) 笔帽

2.2　相关知识

2.2.1　特征建模

1. 基准特征

基准特征是用户为了生成一些复杂特征，而创建的一些辅助特征。它主要用来为其他特征提供放置和定位参考。基准特征主要包括基准平面、基准轴和基准点。

（1）基准平面。单击"插入"→"基准/点"→"基准平面"命令或单击"特征"工具栏上的按钮 □，打开如图 2-2 所示的"基准平面"对话框，根据设计需要，指定类型、要定义平面的对象、平面方位和设置。

在"基准平面"对话框的"类型"下拉列表中提供的类型选项如图 2-3 所示。

图 2-2　"基准平面"对话框

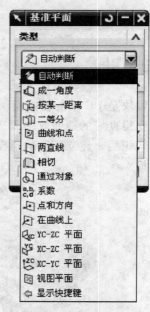

图 2-3　用于创建基准
平面的类型选项

自动判断：根据选取对象可自动生成各基准平面。

成一角度：选择参考平面及旋转轴，则所选平面绕所选旋转轴旋转指定角度。

按某一距离：选择某平面，并输入距离值，得到偏置基准平面。

二等分：选择两平面，生成中置面。

曲线和点：利用点和曲线创建基准平面。

两直线：生成的基准平面一次通过两条所选直线。

相切：选择某曲面，并指定点，生成通过指定点且相切于指定面的基准平面。

通过对象：选择某曲面，并指定点，生成与所选面重合的基准平面。

系数：通过在方程式 Ax + By + Cz = D 中使用系数 A、B、C 和 D 指定方程式来创建固定基准平面。

点和方向：选择点和方向，生成基准平面。

在曲线上：选择曲线上的某点，生成与曲线所在平面垂直、重合的基准平面。

视图平面：创建平行于视图平面并穿过 ACS 原点的固定基准平面。

也可以选择 YC-ZC 面、XC-ZC 面、XC-YC 面为基准平面。

（2）基准轴。单击"插入"→"基准/点"→"基准轴"命令，弹出如图 2-4 所示的"基准轴"对话框。该对话框提供了以下几种创建基准轴的方法。

自动判断：根据所选的对象确定要使用的最佳基准轴类型。

交点：在两个面的相交处创建基准轴。

曲线/面轴：沿线性曲线、线性边、圆柱面、圆锥面或环的轴创建基准轴。

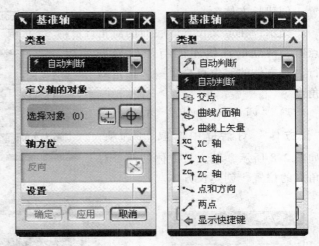

图 2-4　"基准轴"对话框

曲线上矢量：创建与曲线或边上的某点相切、垂直或双向垂直，或者与另一对象垂直或平行的基准轴。

XC 轴：沿工作坐标系（WCS）的 XC 轴创建固定基准轴。

YC 轴：沿工作坐标系（WCS）的 YC 轴创建固定基准轴。

ZC 轴：沿工作坐标系（WCS）的 ZC 轴创建固定基准轴。

点和方向：选择点和直线，生成通过所选点且与所选直线平行的基准轴。

两点：生成依次通过两选择点的基准轴。

（3）基准点。单击"插入"→"基准/点"→"点"命令，弹出如图 2-5 所示的"点"对话框。在"点"对话框的"类型"下拉列表中可选择所需的类型选项。根据所选类型，再进行相关设置。

2. 体素特征

基本实体特征建模功能可用于建立各种零部件产品的基本实体模型，包括长方体、圆柱体、圆锥体和球等一些特征形式。

（1）长方体。长方体绘制功能主要用于创建正方体和长方体形式的实体特征，其各边的边长通过给定的具体参数来确定。单击"插入"→"设计特征"→"长方体"命令，弹出"长方体"对话框，如图 2-6 所示。

1）"原点和边长"方式。在"长方体"对话框中选取 ▭ 选项，如图 2-6 所示，在尺寸参数文本框中设定长方体的边长，并指定其左下角顶点的位置，创建长方体。

2）"两点和高度"方式。在"长方体"对话框中选取▣选项，如图 2-7 所示，输入在"ZC"轴方向上的高度及底面两个对角点的位置，创建长方体。

提示：在定义长方体底面的对角点时，两点的连线不能与坐标轴平行，长方体的定位点是第一个指定的角点。

3）"两个对角点"方式。在"长方体"对话框中选取▢选项，如图 2-8 所示，输入长方体的两个对角点的位置，创建长方体。

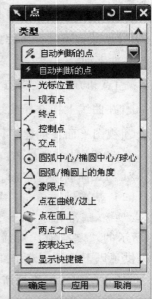

图 2-5　"点"对话框

图 2-6　"原点和边长"方式

图 2-7　"两点和高度"方式

图 2-8　"两个对角点"方式

4）布尔运算。生成多个实体时，实体间的作用方式有以下几类：

　创建——能生成一个独立于现有实体的新长方体。

　求和——能将新生成长方体的体积与两个或多个目标体结合起来。

　求差——能从目标实体上减去新生成的长方体。

　求交——能生成含有由两个不同体共有的体积。

（2）圆柱体的创建。在"成形特征"工具栏中单击按钮█或单击"插入"→"设计特征"→"圆柱体"命令，弹出"圆柱"对话框。系统提供了以下两种圆柱体的创建方式。

1）"轴、直径和高度"方式。该方式为系统默认方式，即通过直径与高度方向的数据来生成圆柱体。选择该选项时，需要指定轴矢量的方向及圆柱体原点的放置位置，根据需要分别在"直径"与"高度"文本框中输入所需要的参数，再单击"确定"按钮即可，如图2-9所示。

2）"圆弧和高度"方式。当用户选择该方式时，系统对话框如图2-10所示。用户选择一条当前视图中需要进行圆柱体操作的弧线，单击反向来设置生成的圆柱体ZC轴的正、负方向，设置高度尺寸，根据需要选择后，单击"确定"按钮即可。

图2-9　直径、高度设置

图2-10　圆柱高度设置

（3）圆锥体。UG中的圆锥体命令主要用于圆台的建立，也可以进行圆锥的建立。用户可以直接单击视图左侧"视图"工具栏中的按钮▲，或单击"插入"→"设计特征"→"圆锥体"命令，弹出如图2-11所示的"圆锥"对话框。系统提供了以下5种创建方式：直径和高度；直径和半角；底部直径，高度和半角；顶部直径，高度和半角；两个共轴的圆弧。

1）"直径和高度"方式。该方式为系统默认方式，即通过直径与高度方向的数据来生成圆锥体。用户在"类型"中选择"直径和高度"选项后，需在"轴"中定义一个矢量作为圆锥体的轴线方向；定义完轴线方向后，在"指定点"中输入圆锥底面的圆心坐标；在图2-11所示的圆锥体"尺寸"选项区中，根据需要分别在"底部直径"、"顶部直径"与"高度"文本框中输入所需要的参数，单击"确定"按钮，生成如图2-12所示的圆锥。

2）"直径和半角"方式。该方式为用户选择方式，即通过直径与半角方向的数据来生成圆锥体。先在"轴"中定义一个矢量作为圆锥体的轴线方向；定义完轴线方向后，在

"指定点"中定义圆锥体底部中心位置点,系统默认为原点,用户可根据需要分别在"XC、YC、ZC"文本框中输入所要指定的点;在"尺寸"选项区中,根据需要分别在"底部直径"、"顶部直径"与"半角"文本框中输入所需要的参数,最后单击"确定"按钮。

3)"底部直径,高度和半角"方式。选择该方式后,需要定义轴线方向、原点,并根据需要分别在"底部直径"、"高度"与"半角"文本框中输入所需要的参数,最后单击"确定"按钮。

4)"顶部直径,高度和半角"方式。需定义一个矢量作为圆锥体的轴线方向,定义圆锥体底部中心位置点,并根据需要分别在"顶部直径"、"高度"与"半角"文本框中输入所需要的参数,最后单击"确定"按钮。

5)"两个共轴的圆弧"方式。即通过当前工作视图已存在的两个共轴的弧来生成圆锥体。用户选择该方式后,对话框如图 2-13 所示。此时用户需要在当前视图中选择已存在的第 1 条弧(该圆弧的半径与中心分别为所需要生成圆锥的底圆半径与中心),再选择第 2 条弧,再单击"确定"按钮,创建的圆锥如图 2-14 所示。

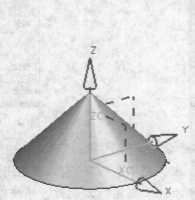

图 2-11　"圆锥"对话框　　　图 2-12　生成的圆锥　　　图 2-13　"两个共轴的圆弧"方式

(4)球体创建。在"成形特征"工具栏中单击按钮 ⬤ 或单击"插入"→"设计特征"→"球体"命令,弹出"球"对话框。在该对话框的"类型"下拉列表中提供了以下两种球体的创建方式。

1)"中心点和直径"方式。选择该类型选项,可通过指定中心点和直径尺寸生成球体,如图 2-15 所示。

2)"圆弧"方式。选择该类型选项,可通

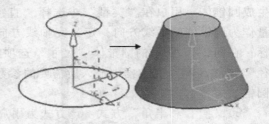

图 2-14　"两个共轴的圆弧"创建的圆锥

过选择当前工作视图中已存在的一条弧来生成球体，如图 2-16 所示。

图 2-15　选择"中心点和直径"方式

图 2-16　选择"圆弧"方式

3. 基本成形设计特征

（1）拉伸。拉伸特征是指截面图形沿指定方向拉伸一段距离所创建的特征。

单击"插入"→"设计特征"→"拉伸"命令，或者单击"特征"工具栏中的按钮，弹出如图 2-17 所示的"拉伸"对话框。

1）定义截面：指定要拉伸的曲线或边。

绘制截面：进入草图，定义草图平面，绘制拉伸截面曲线。

曲线：选择截面的曲线、边、面进行拉伸。

2）定义方向：设定拉伸方向。单击"矢量构造器"按钮定义矢量，也可以单击"自动判断的矢量"按钮，通过右侧的下拉箭头选择一种矢量，或单击按钮反转拉伸方向。

3）设置拉伸限制参数值。

值：距离的"零"位置是沿拉伸方向，定义在所选剖面几何体所在面，分别定义"开始距离"与"结束距离"的数值。"开始距离"与"结束距离"可以定义为"负"值。

直至下一个：沿拉伸方向，直到下一个面为终止位置。

图 2-17　"拉伸"对话框

直至选定对象：沿拉伸方向，直到下一个被选定的终止面位置。

对称值：将开始限制距离转换为结束限制相同的值。

贯通：如果要打穿多个实体，该命令最为方便。

4）布尔：选择布尔操作命令，以设置拉伸体与原有实体之间的存在关系。

5）拔模：拔模角选项可以在生成拉伸特征的同时，对面进行拔模。拔模角度可正可负。

例如，当选择的拔模选项为"从起始限制"，设置角度值为10°，拉伸特征的效果如图2-18所示。

6）定义偏置：在"偏置"选项组中定义拉伸偏置选项及相应的参数，以获得特定的拉伸效果。四种偏置选项（"无"、"单侧"、"两侧"和"对称"）的差别效果如图2-19所示。

7）设置：设置体类型和公差。

体类型：指定拉伸特征为片体或实体。

公差：允许在创建或编辑过程中更改距离公差。

8）预览：选中该项，在设置参数的同时，视图中拉伸体的形状将做相应的变动。

（2）回转。指截面线通过绕旋转轴来创建回转特征。

单击"插入"→"设计特征"→"回转"命令，或单击"特征"工具栏中的"回转"按钮，弹出"回转"对话框，如图2-20所示。该对话框中的选项与"拉伸"对话框中各选项的意义相似。

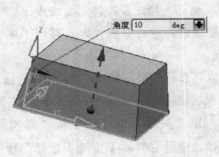

图 2-18　设置拔模示例

选择或创建草图（曲线），设置回转轴矢量和回转轴的定位点，再输入"限制"参数，设置"偏置"方式，进行回转。无偏置回转时，回转截面为非封闭曲线且回转角度小于360°时，可得片体，如图2-21所示。

（3）孔。单击"插入"→"设计特征"→"孔"命令，或单击"特征"工具栏中的按钮，弹出"孔"对话框，如图2-22所示。

◆类型：可在部件中添加不同类型孔的特征。

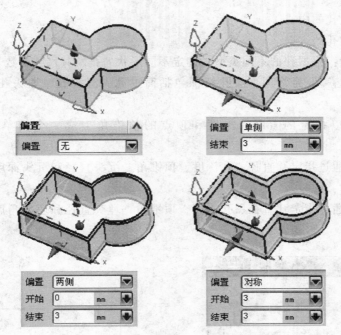

图 2-19 定义偏置的四种情况

图 2-20 "回转"对话框

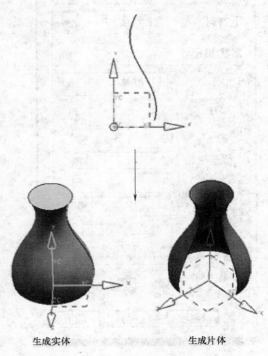

生成实体　　　　　生成片体

图 2-21 创建回转特征

◆ 位置：指定孔的中心。

◆ 方向：指定孔的方向。

◆ 形状和尺寸：根据孔的不同类型，确定不同形状的孔及其尺寸参数。

其中"常规孔"最为常用，该孔特征包括简单孔、沉头孔、埋头孔和锥形 4 种成形方式。

1）简单孔：以指定的直径、深度和顶点的顶锥角生成一个简单的孔，如图 2-23 所示。

2）沉头孔：通过指定孔直径、孔深度、顶锥角、沉头直径和沉头深度生成沉头孔，如图 2-24 所示。

3）埋头孔：通过指定孔直径、孔深度、顶锥角、埋头直径和埋头角度生成埋头孔，如图 2-25 所示。

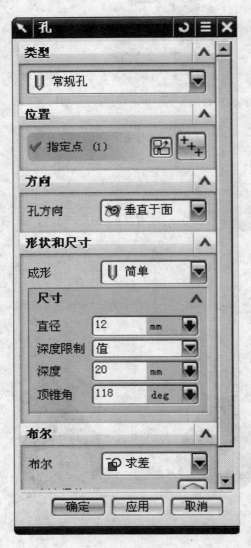

图 2-22　创建简单孔

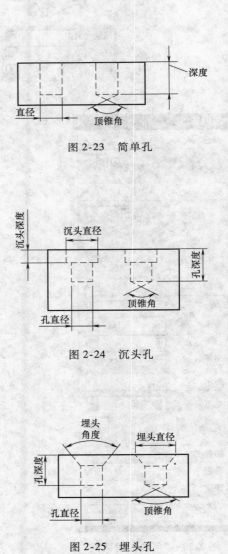

图 2-23　简单孔

图 2-24　沉头孔

图 2-25　埋头孔

4）锥形：通过指定孔直径、锥角和深度生成锥形孔。

（4）凸台。在"特征"工具栏中单击按钮 ，弹出如图 2-26 所示的"凸台"对话框。凸台的生成步骤为：选择放置面，在"凸台"对话框的参数区中输入直径、高度和锥角值；设置好参数后，单击"确定"按钮，弹出"定位"对话框，单击"确定"按钮，完成凸台的创建操作，如图 2-27 所示。

图 2-26　"凸台"对话框

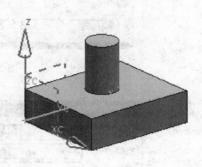

图 2-27　凸台特征

（5）腔体。在"特征"工具栏中单击按钮 ，弹出如图 2-28 所示的"腔体"对话框，该对话框包括"柱面副"、"矩形"和"常规"三个按钮。

1）柱面副腔体。该按钮用于在实体上创建圆柱形腔体。单击"柱面副"按钮，将弹出选择腔体放置平面对话框，该对话框包括"实体面"和"基准平面"两个按钮，提示用户选择平的放置面。选择好放置平面以后，弹出圆柱形腔体参数设置对话框，其中深度值必须大于底面半径，如图 2-29 所示。设置好参数后单击"确定"按钮，弹出"定位"对话框，配以适当的定位方式，确定圆柱形腔体的放置位置，完成圆柱形腔体的创建。

图 2-28　"腔体"对话框

图 2-29　圆柱形腔体参数设置对话框

2）矩形腔体。在"腔体"对话框中单击"矩形"按钮，弹出"矩形腔体"对话框，先定义腔体的放置面和水平参考，然后定义矩形腔体的参数和定位尺寸，指定长度、宽度、深度、拐角半径和底面半径，如图 2-30 所示。

（6）垫块。在"特征"工具栏中单击按钮 ，打开"垫块"对话框。单击"矩形"按钮，选择放置面，定义水平参考，在出现的"矩形垫块"对话框中定义参数，如图 2-31

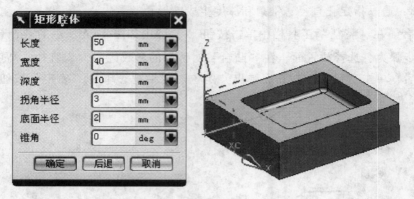

图 2-30　矩形腔体参数的定义

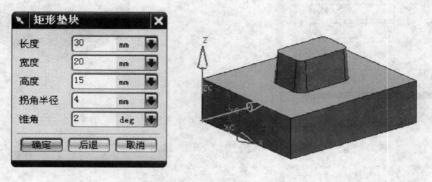

图 2-31　矩形垫块参数定义

所示。单击"确定"按钮，在弹出的"定位"对话框中定义定位尺寸。单击"确定"按钮，完成垫块创建。

（7）凸起。单击"插入"→"设计特征"→"凸起"命令，弹出"凸起"对话框，如图 2-32所示。

"截面"选择如图 2-33 所示的曲线；单击"选择面"按钮，选择曲面；在"端盖"几何体选项区中选择"凸起的面"，位置选择"偏置"，距离输入 5mm，单击"确定"按钮。

（8）键槽。在"特征"工具栏中单击按钮▨，弹出如图 2-34 所示的"键槽"对话框，其中包含"矩形"、"球形端槽"、"U 形槽"、"T 型键槽"和"燕尾槽"五个单选按钮，其中"通槽"复选框用来设置是否生成通槽。所有槽类型的深度值按垂直于平面放置面的方向测量。

1）矩形键槽。在图 2-34 所示的"键槽"对话框中选中"矩形"单选按钮，勾选通槽，然后单击"确定"按钮，弹出如图 2-35 所示的键槽放置对话框，其中包含"实体面"和"基准平面"两种类型。放置平面选定后，确定水平参考方向，如图 2-36 所示。确定水平参考方向后，选择两个面作为起始面和终止面，弹出如图 2-37 所示的矩形键槽参数设置对话框。参数设置完成后，单击"确定"按钮，弹出"定位"对话框，设置适当的定位方式，确定矩形键槽的位置，即可完成键槽的创建。

图 2-32   "凸起" 对话框

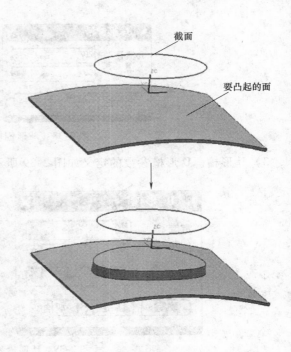

图 2-33   创建凸起操作

图 2-34   "键槽" 对话框

图 2-35   键槽放置对话框

图2-36   "水平参考" 对话框

图 2-37   矩形键槽参数设置对话框

2）**球形键槽**。球形键槽需要定义，如图 2-38 所示，其中深度值必须大于球的直径。

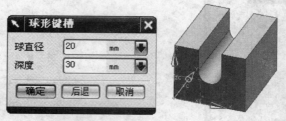

图 2-38　球形键槽参数定义

3）**U 形槽**。U 形槽参数的定义如图 2-39 所示，其中深度值必须大于拐角半径的值。

图 2-39　U 形槽参数的定义

4）**T 型键槽**。T 型键槽参数的定义如图 2-40 所示。

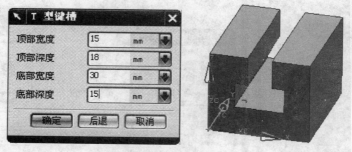

图 2-40　T 型键槽参数的定义

5）**燕尾槽**。燕尾槽参数的定义如图 2-41 所示。

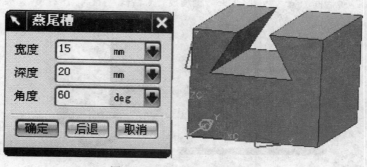

图 2-41　燕尾槽参数的定义

（9）槽。"槽"选项如同车削操作中一个成形刀具在旋转部件上向内（从外部定位面）或向外（从内部定位面）移动，从而在实体上生成一个沟槽。该选项只在圆柱形的或圆锥形的面上起作用。旋转轴是选中面的轴。沟槽在选择该面的位置（选择点）附近生成并自动连接到选中的面上。可以选择一个外部的或内部的面作为沟槽的定位面，沟槽的轮廓对称于通过选择点的平面并垂直于旋转轴。

图 2-42　"槽"对话框

单击"插入"→"设计特征"→"槽"命令，或单击"特征"工具栏中的按钮![按钮]，弹出如图 2-42 所示的"槽"对话框。通过该对话框可创建矩形、球形端槽和 U 形槽三种类型的槽。在该对话框中选择槽的类型后，选择放置面（圆柱面或圆锥面）并设置槽的特征参数，然后进行定位，输入位置参数，再单击"确定"完成槽的创建。

1）矩形槽。矩形槽参数的定义如图 2-43 所示，主要有两个参数：槽直径和宽度。

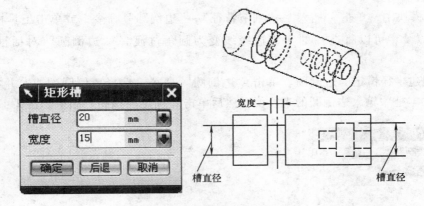

图 2-43　矩形槽参数的定义

2）球形端槽。球形端槽参数的定义如图 2-44 所示，需定义槽直径和球直径两个参数。

3）U 形槽。U 形槽参数的定义如图 2-45 所示，需要定义槽直径、宽度和拐角半径。U

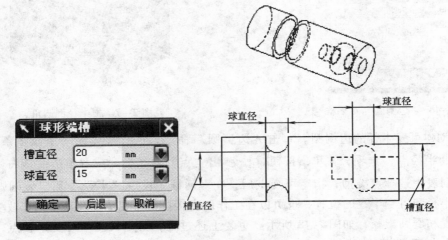

图 2-44　球形端槽参数的定义

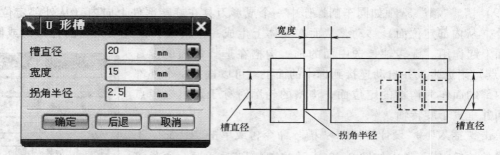

图 2-45　U 形槽参数的定义

形槽的宽度应该大于两倍的拐角半径。

2.2.2　特征操作

1. 边倒圆

在建模模块中，单击"插入"→"细节特征"→"边倒圆"命令，或单击工具栏中的"边倒圆"按钮 ，可以将选择的实体边缘线变为圆角过渡。"边倒圆"对话框如图 2-46 所示。

（1）创建半径恒定的边倒圆。单击"边倒圆"命令，选择要倒圆的边，并在"Radius（半径）"文本框中输入边倒圆的半径值，然后单击"确定"按钮，结果如图 2-47 所示。

图 2-46　"边倒圆"对话框

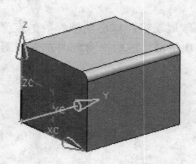

图 2-47　恒半径倒圆角

（2）创建可变半径的边倒圆。单击"边倒圆"命令，选择实体的一条或多条边缘线；展开"可变半径点"选项，再单击按钮 ，弹出"点"对话框，或者单击 右侧的下拉箭头，从列表中选择点类型；指定可变点后，在对话框中设定"半径"和"% 圆弧长"来确定倒圆半径和可变半径的位置，也可以在工作区直接拖拉可变半径及其手柄来改变可变半径点的位置和倒圆半径，如图 2-48 所示。重复上述过程，可定义多个可变半径点，最后单击"应用"按钮即可。

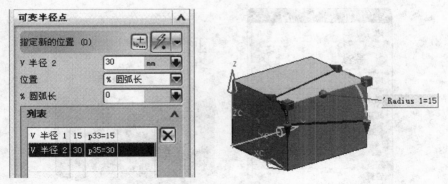

图 2-48　创建可变半径的边倒圆

2. 倒斜角

在建模模块中，单击"插入"→"细节特征"→"倒斜角"命令，或单击工具栏中的"倒斜角"按钮，可以在实体上创建简单的斜边。"倒斜角"对话框如图 2-49 所示。该对话框提供了三种倒角方式。

（1）对称偏置。从选定边开始沿着两表面上的偏置值是相同的，如图 2-50 所示。

图 2-49　"倒斜角"对话框

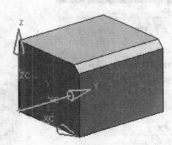

图 2-50　对称偏置

（2）非对称偏置。从选定边开始沿着两表面上的偏置值不相等，需要指定两个偏置值，如图 2-51 所示。

（3）偏置和角度。从选定边开始沿着两表面上的偏置值不相等，需要指定一个偏置值和一个角度，如图 2-52 所示。

3. 拔模

在模具设计中，为了"脱模"的需要，必须将"直边"沿开模方向添加一定的锥角。通过"拔模"选项，可以相对于指定矢量和可选的参考点将拔模应用于面或边。

单击"插入"→"细节特征"→"拔模"命令，或在"特征操作"工具栏中单击按钮，弹出如图 2-53 所示的"拔模"对话框。

（1）"从平面"拔模。在执行从平面拔模命令时，固定平面（或称拔模参考点）定义了

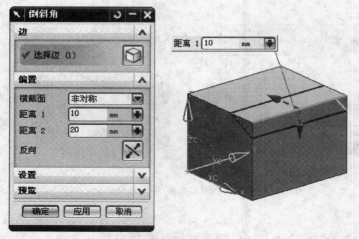

图 2-51　非对称偏置

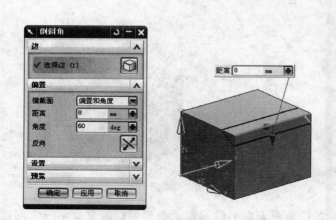

图 2-52　偏置和角度

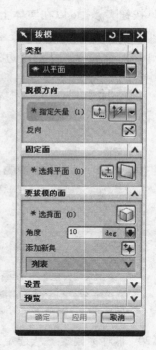

图 2-53　"拔模"对话框

垂直于拔模方向矢量的拔模面上的一个截面，实体在该截面上不因拔模操作而改变。

操作步骤：选择"从平面"拔模，指定 Z 轴为脱模方向，选择底平面为固定面，侧面为拔模面，设定拔模角度，再单击"确定"按钮，完成拔模，如图 2-54 所示。

在相同的拔模面、拔模方向矢量及拔模角度的情况下，固定平面对拔模结果的影响是十分明显的，如图 2-55 所示。

使用同样的方向矢量和固定平面来拔模内部面（型腔）和外部面（凸台），其结果是相反的，如图 2-56 所示。

（2）"从边"拔模。通常情况下，当需要拔模的边不包含在垂直于方向矢量的平面内时，该选项特别有用。选择 Z 轴为脱模方向，选择下表面边缘为固定边缘，设定拔模角度，再单击"确定"按钮，结果如图 2-57 所示。

4. 壳

即根据指定的壁厚值抽空实体。单击"插入"→"偏置/缩放"→"抽壳"命令，弹出如图 2-58 所示的"壳"对话框。壳操作有以下两种方式。

（1）移除面，然后抽壳。即通过在实体上选择要移除的面，并设置厚度的方式抽壳。先选择要移除的面，然后采用默认厚度，结果如图 2-59 所示。

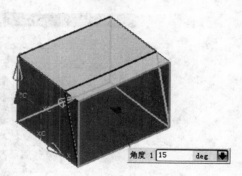

图 2-54　"从平面"拔模

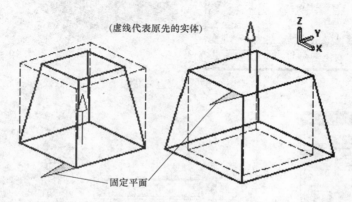

图 2-55　固定平面对拔模结果的影响

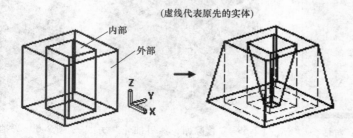

图 2-56　"型腔"与"凸台"不同的拔模结果

（2）抽壳所有面。该方式其实是将整个实体生成一个没有开口的空腔。

先选择整个实体，然后采用默认厚度，结果如图 2-60 所示。

5. 实例特征

在建模模块中，单击"插入"→"关联复制"→"实例特征"命令，或单击工具栏中的"实例特征"按钮，弹出的"实例"对话框如图 2-61 所示。可以根据现有特征创建矩形阵列、环形阵列。

（1）矩形阵列。在"实例"对话框中单击"矩形阵列"按钮，弹出如图 2-62 所示"实例"对话框；在该对话框中选择本例中已有模型（图 2-63）中的孔，单击"确定"按

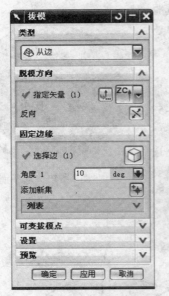

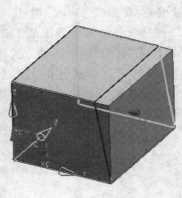

图 2-57　"从边"拔模

图 2-58　"壳"对话框

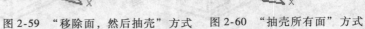

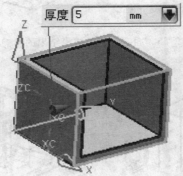

图 2-59　"移除面，然后抽壳"方式　　图 2-60　"抽壳所有面"方式

钮；在弹出的"输入参数"对话框（图 2-64）中，"方法"选项中选中"常规"选项，在"XC 向的数量"、"XC 偏置"、"YC 向的数量"、"YC 偏置"文本框中分别输入参数，单击"确定"按钮；在弹出的"创建实例"对话框中单击"确定"按钮，完成矩形阵列操作，结果如图 2-65 所示。

（2）环形阵列。在"实例"对话框中单击"圆形阵列"按钮，弹出如图 2-66 所示的"实例"对话框，选取阵列对象为"简单孔"，或直接在图形窗口中选择图 2-67 所示的已有模型的孔，单击"确定"按钮；在弹出的阵列参数对话框（图 2-68）中，"方法"选项中选中"常规"选项，在"数量"和"角度"文本框中分别输入参数，单击"确定"按钮；在弹出的阵列参考设置对话框（图 2-69）中单击"基准轴"按钮，选择 Z 轴，弹出"创建

图 2-61　"实例"对话框（一）

图 2-62　"实例"对话框（二）

图 2-63　已有模型（一）

图 2-64　"输入参数"对话框

图 2-65　创建的矩形阵列效果

图 2-66　"实例"对话框（三）

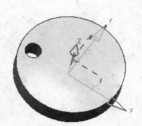

图 2-67　已有模型（二）

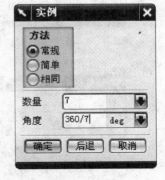

图 2-68　阵列参数对话框

实例"对话框，单击"确定"按钮，生成引用特征，结果如图 2-70 所示。单击"取消"按钮则退出该对话框，完成环形阵列操作。

6. 镜像体

镜像体操作可以通过基准平面镜像选定的体。操作步骤：单击"插入"→"关联复制"→"镜像体"命令，弹出"镜像体"对话框，如图 2-71 所示；选择需要镜像的体，在"镜像平面"选项区中选择基准平面，再单击"确定"按钮，结果如图 2-72 所示。

7. 镜像特征

镜像特征操作可以通过基准平面或平面镜像选定的特征，以创建对称的模型。操作步骤：单击"插入"→"关联复制"→"镜像特征"命令，弹出如图 2-73 所示的"镜像特征"

对话框；选择需要镜像的特征，在"镜像平面"选项区选择镜像平面，再单击"确定"按钮，完成操作，镜像的圆柱和简单孔两个特征，如图 2-74 所示。

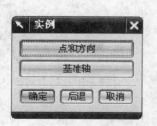

图 2-69　确定基准轴

图 2-70　圆形阵列效果

图 2-71　"镜像体"对话框

图 2-72　创建镜像体示例

图 2-73　"镜像特征"对话框

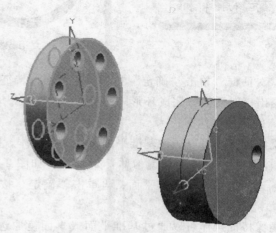

图 2-74　创建镜像特征示例

8. 抽取

抽取操作可通过复制一个面、一组面或另一个体来创建体。单击"插入"→"关联复制"→"抽取"命令，弹出如图 2-75 所示的"抽取"对话框。抽取的"类型"有"面"、"面区域"、"体"三种。

（1）面。该方式可以将选取的实体或片体表面抽取为片体。例如，抽取类型为"面"，在提示下选择面参照，在"设置"选项区中选中"隐藏原先的"复选框，单击"确定"按钮，结果如图 2-76 所示。

图 2-75　"抽取"对话框

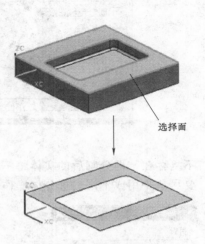

图 2-76　抽取单个面

（2）面区域。该方式需在实体中选取种子面和边界面，种子面是区域中的起始面，边界面是用来对选取区域进行界定的一个或多个表面，即终止面。选择"类型"中的"面区域"选项，然后选择图 2-77 所示的腔体底面为种子面，选取上表面为终止面，在"设置"选项区中选中"隐藏原先的"复选框，单击"确定"按钮，即可创建抽取面区域的片体特征。

（3）体。该方式可以对选择的实体或片体进行复制操作，复制的对象和原来的对象相关。

9. 修剪体

修剪体操作可以用实体表面、基准平面或其他几何体修剪一个或多个目标体。如果使用片体来修剪实体，则此面必须完全贯穿实体，否则无法完成修剪操作。修剪后的实体仍然是参数化实体。在"特征操作"工具栏中单击按钮，弹出"修剪体"对话框，如图 2-78所示。在绘图工作区中单击选择长方体为目标体，利用"选择面或平面"按钮指定曲面为刀具，可单击"方向"按钮，反向选择要移除的实体，效果如图 2-79 所示。

10. 拆分体

通过拆分体操作可以用面、基准平面或其他几何体把一个实体分割成多个实体。原来的

图 2-77　抽取面区域

特征将不复存在，即分割后的实体将不能再进行参数化编辑，因此该命令属于非参数化操作命令，要尽量少用或不用。拆分体操作的步骤与修剪体操作基本相同。

图 2-78　"修剪体"对话框

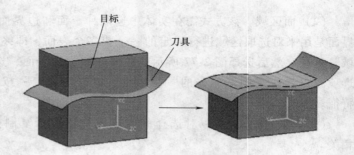

图 2-79　创建修剪体

11. 螺纹

单击"视图"工具栏中的按钮▣，或单击"插入"→"设计特征"→"螺纹"命令，系统会弹出如图 2-80 所示的"螺纹"对话框。系统提供了两种螺纹的创建方式：符号和详细。符号螺纹如图 2-81 所示。

（1）符号。该命令为系统默认命令，用于创建符号螺纹。符号螺纹，即符号性的螺纹，它用虚线表示螺纹，而不显示螺纹实体。它在工程图中用于表达螺纹与螺纹标注，由于不生成螺纹实体，因此计算量小，生成速度快。用户根据需要进行所需参数的设置后，单击

"确定"按钮即可。参数设置主要有以下几项。

图 2-80　"螺纹"对话框

1）大径：用于进行螺纹大径的设置。当用户定义完操作对象后，其文本框会显示系统默认的数值。该默认数值是根据用户所定义的圆柱面与螺纹的形式由系统自动计算而得到的，用户也可以根据需要进行设置。

2）小径：用于进行螺纹小径的设置。当用户定义完操作对象后，其文本框会显示系统默认的数值。该默认数值是根据用户所定义的圆柱面与螺纹的形式由系统自动计算而得到的，用户也可以根据需要进行设置。

3）螺距：用于进行螺距的设置。当用户定义完操作对象后，其文本框会显示系统默认的数值。该默认数值是根据用户所定义的圆柱面与螺纹的形式由系统自动计算而得到的，用户也可以根据需要进行设置。

4）角度：用于进行螺纹牙型角的设置。当用户定义完操作对象后，其文本框会显示系统默认的数值。该默认数值为螺纹标准值 60°，用户也可以根据需要进行设置。

5）标注：用于标记螺纹。当用户定义完操作对象后，其文本框会显示系统默认的数值，用户也可以根据需要进行设置。

6）螺纹钻尺寸：用于进行外螺纹轴的尺寸或内螺纹钻孔尺寸的设置。当用户定义完操作对象后，其文本框会显示系统默认的数值，用户也可以根据需要进行设置。

7）Method（方法）：用于进行螺纹加工方式的设置。系统为用户提供了四种螺纹加工方式，即 Cut（剪切）、Rolled（滚压）、Ground（磨削）、Milled（铣削），用户可以根据需要进行设置。

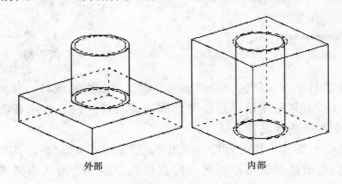

图 2-81　符号螺纹

8）Form（表单）：用于进行螺纹标准形式的设置。系统提供了 12 种螺纹的标准形式，用户可以根据需要对其进行设置，系统默认为公制。

9）螺纹头数：用于进行螺纹线数的设置，系统默认值为 1。

10）锥形：用于进行螺纹是否拔模的设置。

11）完整螺纹：用于指定螺纹在整个定义圆柱面上创建的设置。当用户选择该命令后，创建螺纹的圆柱体的长度参数改变时，螺纹也将进行自动更改。

12）长度：用于进行螺纹长度的设置。当用户定义完操作对象后，其文本框会显示系统默认的数值，且螺纹长度从用户定义的起始面开始计算，用户也可以根据需要进行设置。

13）手工输入：用于通过键盘进行螺纹参数的设置。

14）从表格中选择：用于指定螺纹参数的设置，即从系统螺纹参数表中进行选择。

15）包含实例：用于对引用特征中的一个成员进行操作，从而使该阵列中的所有相关特征全部进行创建螺纹参数的设置。

16）旋转：用于进行螺纹旋转方式的设置。系统提供了两种旋转方式，即左旋螺纹与右旋螺纹。用户可以根据需要进行选择。

17）选择起始：用于进行螺纹创建起始位置的设置。用户可以根据需要进行螺纹起始平面的定义，可以是实体表面或基准平面等。

（2）详细。该命令为系统选择命令，用于创建详细的螺纹。详细的螺纹将创建螺纹实体，因此计算量大，生成速度慢。当用户选中"详细"选项后，系统会弹出如图 2-82 所示的对话框。用户根据需要进行所需参数的设置后，单击"确定"按钮，结果如图 2-83 所示。

图 2-82　详细的螺纹对话框

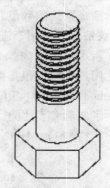

图 2-83　详细螺纹

1）大径：用于进行螺纹大径的设置。当用户定义完操作对象后，其文本框会显示系统默认的数值。该默认数值是根据用户所定义的圆柱面与螺纹的形式由系统自动计算而得到的，用户也可以根据需要进行设置。

2）小径：用于进行螺纹小径的设置。当用户定义完操作对象后，其文本框会显示系统默认的数值。该默认数值是根据用户所定义的圆柱面与螺纹的形式由系统自动计算而得到的。用户也可以根据需要进行设置。

3）长度：用于进行螺纹长度的设置。当用户定义完操作对象后，其文本框会显示系统默认的数值，且螺纹长度从用户定义的起始面开始计算，用户也可以根据需要进行设置。

4）螺距：用于进行螺距的设置。当用户定义完操作对象后，其文本框会显示系统默认的数值。该默认数值是根据用户所定义的圆柱面与螺纹的形式由系统自动计算而得到的，用户也可以根据需要进行设置。

5）角度：用于进行螺纹牙型角的设置。当用户定义完操作对象后，其文本框会显示系统默认的数值。该默认数值为螺纹标准值 60°，用户也可以根据需要进行设置。

6）旋转：用于进行螺纹旋转方式的设置。系统提供了两种旋转方式，即左旋螺纹与右旋螺纹。用户可以根据需要进行选择。

7）选择起始：用于进行螺纹创建起始位置的设置。用户可以根据需要进行螺纹起始平面的定义，可以是实体表面或基准平面等。

2.2.3　曲面构造

曲面造型功能是 UG NX 系统 CAD 模块的重要组成部分。设计时，只使用实体特征建模方法就能够完成设计的产品是有限的，绝大多数实际产品的设计都离不开曲面特征的构建。这里主要介绍常用的几个曲面创建技术的操作方法。

1. 由点构造曲面

（1）通过点。通过点创建曲面操作可以定义片体将通过的点阵列，则系统生成的片体会插补每个指定点。使用这个操作功能，可以很好地控制片体形式，使它总是通过指定的点。从极点创建曲面操作可以指定点为定义片体外形控制网的极点（顶点），使用极点可以更好地控制片体的全局外形。

在"曲面"工具栏中单击"通过点"按钮，弹出如图 2-84 所示的"通过点"对话框；单击"确定"按钮，弹出如图 2-85 所示的"过点"对话框，进入相应的操作功能。下面介绍各按钮的作用。

图 2-84　"通过点"对话框　　　　　图 2-85　"过点"对话框

◆全部成链：该按钮用于选取第一个点和最后一个点，系统会自动选取行中其余点。要求行的点距小于行的间距。

◆在矩形内的对象成链：该按钮是用方框来选取一行点，然后选取行中的第一个点和最后一个点，系统会自动选取行中其余点。

◆在多边形内的对象成链：该按钮是用任意多边形来选取一行点，然后选取行中第一个点和最后一个点，系统会自动选取行中其余点。

◆点构造器：该按钮是用点构造器来逐个选取点。

（2）从点云。从点云创建曲面方式可以通过一个大的点云生成一个片体。点云通常由扫描和数字化产生。虽然该功能有一些限制，但它能让用户从很多点中用最少的交叉生成一个片体，而且得到的片体比用通过点方式从相同的点生成的片体要光顺得多。

在"曲面"工具栏中单击按钮 ，弹出如图 2-86 所示的"从点云"对话框，进入从点云创建曲面操作模式。

◆ U 向补片数：该文本框用于设置 U 方向上的偏移面数值。

◆ V 向补片数：该文本框用于设置 V 方向上的偏移面数值。

◆ 坐标系：该下拉列表用于改变 U、V 向量方向，以及片体法线方向的坐标系，其所产生的片体也会随着坐标系的改变而产生相应的变化。

① 选择视图：该选项用于设置第一次定义的边界 U、V 平面坐标。定义后，U、V 平面固定，当视图旋转以后，U、V 平面仍然为第一次定义的坐标轴平面。

② WCS：该选项用于将当前坐标系作为选取点的坐标轴。

③ 当前视图：该选项用于以当前视角作为 U、V 平面的坐标。

④ 指定的 CSYS：该选项用于将定义的新坐标系所设置的坐标轴作为 U、V 方向的平面。

⑤ 指定新的 CSYS：该选项用于定义坐标系，并应用于指定的坐标系。

图 2-86　"从点云"对话框

◆ 边界：该下拉列表用于设置选取点的边界范围，配合坐标系所设置的平面选取点。

2. 由曲线构造曲面

利用曲线构造曲面骨架，获得曲面是最常用的曲面构造方法。

1）直纹。直纹功能可以通过两条截面线串生成片体或实体。每条截面线串可以由多条连线的曲线、体边界组成。在"曲面"工具栏中单击按钮 ，弹出如图 2-87 所示的"直纹"对话框。选取截面线串 1，单击鼠标中键结束截面线串 1 的选择，再选择截面线串 2，单击鼠标中键结束选择，最后单击"确定"按钮，生成直纹面，如图 2-88 所示。

图 2-87　"直纹"对话框

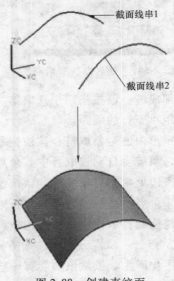

图 2-88　创建直纹面

截面曲线的起始位置和向量方向是根据鼠标的单击位置判断的，通常比较靠近鼠标单击位置的曲线一端是起始的位置。如果所选取的曲线都为封闭曲线，则会产生实体。

2）通过曲线组。通过曲线组方法可以使一系列截面线串（大致在同一方向）建立片体或者实体，所选择的曲线可以是多条连续的曲线或实体边线。最多可允许使用 150 条截面线串。

在"曲面"工具栏中单击按钮，或单击"插入"→"网格曲面"→"通过曲线组"命令，弹出如图 2-89 所示的"通过曲线组"对话框。依次选择图 2-90 所示的曲线 1～曲线 4 为截面线串（每选择一条曲线单击鼠标中键一次），最后单击"确定"按钮，生成曲面。

图 2-89　"通过曲线组"对话框

图 2-90　通过曲线组创建曲面

3）通过曲线网格。该命令将通过几个主线串和交叉线串集创建实体，每个集中的线串必须互相大致平行，并且不相交。主线串必须大致垂直于交叉线串。

单击"插入"→"网格曲面"→"通过曲线网格"命令，或单击"曲面"工具栏中的按钮，弹出如图 2-91 所示的"通过曲线网格"对话框。选择如图 2-92 所示的两条圆弧曲线为主曲线，每选择一条曲线，单击鼠标中键一次，再选择另一条曲线。单击"交叉曲线"中的按钮，选择 5 条交叉曲线，每选择一条曲线，单击鼠标中键一次，或单击该面板中的"添加新集"按钮，选取其他交叉曲线，并显示曲面创建效果。最后单击"确定"按钮，生成曲面。

4）桥接。通过桥接曲面可以在两个曲面间建立一个光滑的过渡曲面。单击"插入"→"细节特征"→"桥接"命令，或单击"曲面"工具栏中的按钮，弹出如图 2-93 所示的"桥接"对话框。选择曲面 1 和曲面 2 为主曲面；单击第 3 个按钮（"第一侧面线串"），选择曲线 1；单击"确定"按钮，结果如图 2-94 所示。

图 2-91　"通过曲线网格"对话框

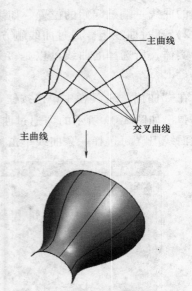

图 2-92　通过曲线网格创建曲面

图 2-93　"桥接"对话框

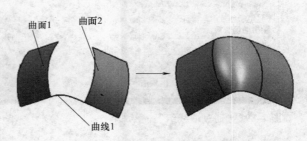

图 2-94　创建桥接曲面操作

5）扫掠。扫掠曲面是通过将曲线轮廓以预先描述的方式沿空间路径延伸，形成新的曲面。它需要使用引导线串和截面线串两种线串。延伸的轮廓线为截面线，路径为引导线串。截面线串可以是曲线、实体边或面，最多可以有 150 条。引导线串最多可选取 3 条。

单击"插入"→"扫掠"→"扫掠"命令，或单击"曲面"工具栏中的按钮，弹出"扫掠"对话框，如图 2-95 所示。选择曲线 1 为截面线串，选择曲线 2 为引导线串，单击"确定"按钮，生成曲面如图 2-96 所示。

可以通过一条截面线和两条引导线进行扫掠生成曲面。打开"扫掠"对话框，选择截面线串 1；单击"引导线"中的"选择曲线"按钮，选择引导线 1，单击鼠标中键，再选择引导线 2；单击"确定"按钮，生成曲面如图 2-97 所示。

6）沿引导线扫掠。沿引导线扫掠是将开放或封闭的边界草图、曲线、边缘或面，沿一个或一系列曲线扫描来创建实体或片体。

图 2-95　"扫掠"对话框

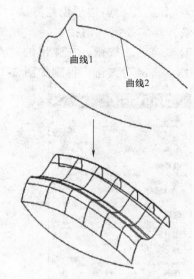

图 2-96　通过扫掠创建曲面

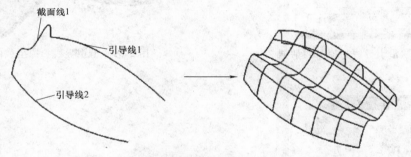

图 2-97　一条截面线和两条引导线进行扫掠生成曲面

单击"插入"→"扫掠"→"沿引导线扫掠"命令,弹出如图 2-98 所示的"沿引导线扫掠"对话框。单击需要扫掠的截面线串;单击"引导线"中的"选择曲线"按钮,并单击选择引导线(扫掠路径);在"偏置"选项区中输入"第一偏置"和"第二偏置"的数值;最后单击"确定"按钮,结果如图 2-99 所示。

3. 管道

管道特征是将圆形横截面沿着一个或多个连续相切的曲线扫掠而生成实体,当内径大于 0 时,生成管道。

单击"插入"→"扫掠"→"管道"命令,弹出如图 2-100 所示的"管道"对话框,其中管道内径可以为 0,但管道外径必须大于 0,外径必须大于内径。创建管道的效果如图 2-101 所示。

2.2.4　曲线构造

1. 多边形

单击"插入"→"曲线"→"多边形"命令,或单击"曲线"工具栏中的"多边形"按钮 ⬡ ,弹出"多边形"对话框,在对话框中输入多边形的侧面数,如图 2-102 所示。单击

"确定"按钮，弹出多边形创建方法对话框，选择创建方法，如图 2-103 所示。根据所选择的方法输入具体参数（内接半径，方位角；侧，方位角；圆半径，方位角），如图 2-104 所示。单击"确定"按钮，在弹出的"点"构造器中输入多边形的中心坐标，如图 2-105 所示。单击"确定"按钮，得到如图 2-106 所示的六边形。

图 2-98　"沿引导线扫掠"对话框

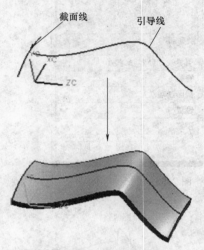

图 2-99　沿引导线扫掠生成曲面

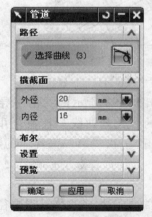

图 2-100　"管道"对话框

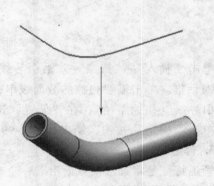

图 2-101　创建管道的效果

图 2-102　多边形边数对话框

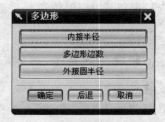

图2-103　多边形创建方法对话框

图2-104 多边形参数对话框

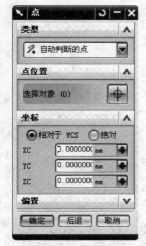

图 2-105 "点"构造器

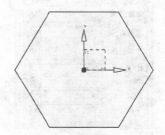

图 2-106 六边形

2. 创建文本

UG 7.0 提供了三种文本创建方式：创建平面文本、创建曲线文本和创建曲面文本。

1）创建平面文本。单击"插入"→"曲线"→"文本"命令，弹出"文本"对话框，如图 2-107 所示。"类型"选项中默认为"平面的"，在工作窗口中单击一点作为文本放置点，在"文本属性"文本框中输入文本内容，设置字体及其他属性，通过"点构造器"或捕捉方式确定锚点放置的位置，"尺寸"选项区中输入长度、高度和剪切角度，或通过调整箭头来调整尺寸大小，如图 2-108 所示，最后单击"确定"按钮即可。

2）创建曲线文本。单击"插入"→"曲线"→"文本"命令，弹出如图 2-109 所示的"文本"对话框。在该对话框的"类型"选项中选择"在曲线上"，在工作区选择放置曲线，并在对话框中设置各项参数，创建的曲线文本如图 2-110 所示。

3）创建曲面文本。在"文本"对话框（图 2-107）的"类型"选项中选择"在面上"，如图 2-111 所示，然后在工作区选择放置面和放置曲线，在对话框中设置各项参数，在"设置"选项区中选中"投影曲线"复选框，再单击"确定"按钮，效果如图 2-112 所示。

图 2-107 "文本"对话框（一）

3. 螺旋线

在实际应用中，螺旋线常用于弹簧等零件的创建。单击"插入"→"曲线"→"螺旋线"命令，或单击"曲线"工具栏中的"螺旋线"按钮 ，将弹出如图 2-113 所示的"螺旋线"对话框。在该对话框中输入螺旋线

图 2-108　拖拉箭头调整文本尺寸

图 2-109　"文本"对话框（二）

图 2-110　创建曲线文本

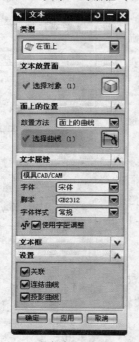

图 2-111　"文本"对话框（三）

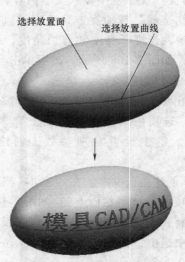

图 2-112　创建曲面文本

的"圈数"和"螺距"，确定螺旋线的"半径方法"和"半径"，定义螺旋线的"旋转方向"，即左手或右手，并定义螺旋线的 Z 轴方位，系统默认轴线平行于 Z 轴，再用"点构造器"指定螺旋基点，最后单击"确定"按钮，系统即可创建螺旋线，如图 2-114 所示。

图 2-113　"螺旋线"对话框

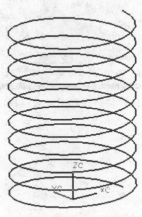

图 2-114　螺旋线

2.3　任务实施

2.3.1　基本训练——塑料壳体三维模型的创建

以下创建如图 2-1a 所示的塑料壳体三维模型。

1. 新建一个模型文件

启动 UG 7.0，单击"文件"→"新建"命令，弹出"新建"对话框。在该对话框的"名称"文本框中输入新建文件的名称"keti"，单位为"mm"，单击"确定"按钮。在"标准"工具栏中单击"开始"→"建模"命令，进入建模模块。

2. 创建草图（外形）

1）单击"插入"→"草图"命令，弹出如图 2-115 所示的"创建草图"对话框，单击"确定"按钮，接受默认的 XC-YC 基准面为草绘平面。建立第 1 张草图，绘制如图 2-116 所示的草图曲线，单击"草图生成器"工具栏中的按钮 完成草图，退出草图绘制状态。

2）单击"插入"→"草图"命令，弹出"创建草图"对话框；进入草图环境，选择 XC-ZC 基准面为草绘平面，单击"确定"按钮。建立第 2 张草图，在 XC-ZC 基准面绘制草图曲线，如图 2-117 所示。

3. 创建拉伸实体（外形）

单击"特征"工具栏中的"拉伸"按钮 ，弹出如图 2-118 所示的"拉伸"对话框。选择第 1 张草图曲线作为"截面"，拉伸限制参数的设置如图 2-118 所示，单击"确定"按钮，完成拉伸操作，拉伸实体如图 2-119 所示。

图 2-115　"创建草图"对话框（外形）

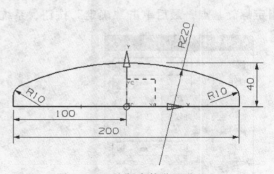

图 2-116　绘制壳体草图曲线 1

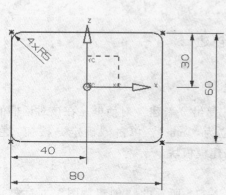

图 2-117　绘制壳体草图曲线 2

图 2-118　"拉伸"对话框（外形）

4. 创建壳体

单击"特征操作"工具栏中的"抽壳"按钮 ，弹出如图 2-120 所示的"壳"对话框。选择前面及底面作为去除面，在"厚度"文本框中输入 3mm，单击"确定"按钮，创建的壳体如图 2-121 所示。

5. 壳体中拉伸出方孔

单击"特征"工具栏中的"拉伸"按钮 ，弹出"拉伸"对话框。选择第 2 张草图曲线作为"截

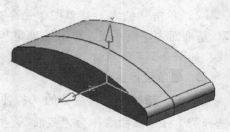

图 2-119　拉伸的实体（壳体外形）

面"，拉伸限制参数的设置如图 2-122 所示，在"布尔"下拉列表中选择"求差"，单击
"确定"按钮，完成拉伸操作，拉伸效果如图 2-123 所示。

图 2-120　"壳"对话框（壳体）

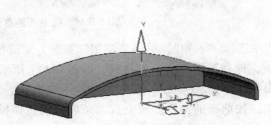

图 2-121　创建的壳体

图 2-122　"拉伸"对话框（出方孔）

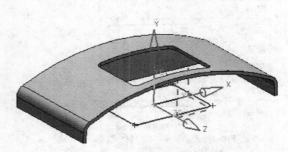

图 2-123　拉伸出方孔的效果

6. 建立草图（内形）

单击"插入"→"草图"命令，进入草图环境，打开"创建草图"对话框；选择 XC-ZC
基准面为草绘平面，单击"确定"按钮。建立第 3 张草图，绘制如图 2-124 所示的草图曲
线，然后单击"草图生成器"工具栏中的按钮 🏁 完成草图 ，退出草图绘制状态。

7. 建立拉伸体（内形）

单击"特征"工具栏中的"拉伸"按钮 ▥ ，弹出"拉伸"对话框。选择第 3 张草图中的
圆作为"截面"，单击"反向"按钮 ▨ ，拉伸限制参数的设置如图 2-125 所示，在"布尔"

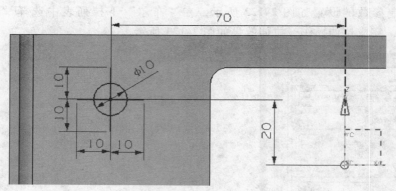

图 2-124　绘制壳体草图曲线 3

下拉列表中选择"求和",单击"应用"按钮,完成拉伸操作,拉伸结果如图 2-126 所示。

　　同理,选择草图中的一条曲线,按图 2-127 所示设置"限制"、"布尔"、"偏置"等选项中的参数,单击"应用"按钮,拉伸一条筋板,如图 2-128 所示。同理,分别选择其余三条曲线,按前面的操作步骤完成四条筋板的拉伸操作,如图 2-129 所示。

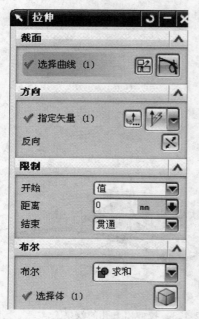

图 2-125　"拉伸"对话框(内形圆柱)

图 2-126　拉伸成圆柱体

8. 创建拔模角

　　单击"插入"→"细节特征"→"拔模"命令,弹出"拔模"对话框。如图 2-130 所示拔模"类型"选择"从平面","脱模方向"选择 YC 轴,"固定面"、"要拔模的面"分别选择如图 2-131 所示的面,最后单击"确定"按钮。

9. 建立孔特征

　　单击"插入"→"设计特征"→"孔"命令,弹出"孔"对话框。在对话框的"类型"下拉列表中选取"常规孔",在"位置"选项区的指定点捕捉圆柱上表面圆心,"形状和尺

寸"、"布尔"等选项的参数设置如图 2-132 所示，最后单击"确定"按钮，建立 $\phi6mm \times$
8mm 的孔特征，如图 2-133 所示。

图 2-127　"拉伸"对话框
（内形筋板）

图 2-128　拉伸一条筋板

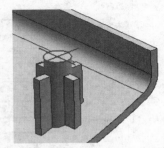

图 2-129　拉伸出四条筋板

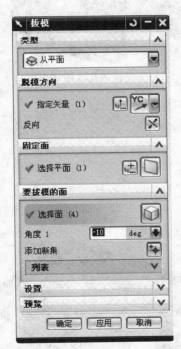

图 2-130　"拔模"对话框（壳体）

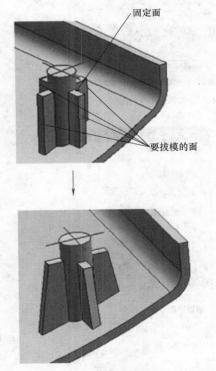

图 2-131　创建拔模角（壳体）

10. 镜像特征

单击"插入"→"关联复制"→"镜像特征"命令，弹出如图 2-134 所示的"镜像特征"
对话框，"特征"选择步骤 7～9 完成的特征，"镜像平面"选择 YC-ZC 基准平面，然后单
击"确定"按钮，完成镜像操作，效果如图 2-135 所示。

图 2-132　"孔"对话框（壳体）

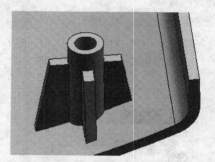

图 2-133　创建的孔特征（壳体）

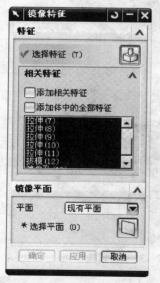

图 2-134　"镜像特征"对话框（壳体）

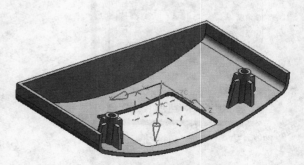

图 2-135　镜像后的效果（壳体）

11. 创建止口边

单击"插入"→"设计特征"→"拉伸"命令，弹出如图 2-136 所示的"拉伸"对话框。

在该对话框中的"截面"选择壳体内部三条边缘线，如图 2-137a 所示，"限制"、"布尔"、"偏置"等选项参数的设置如图 2-136 所示，最后单击"应用"按钮。

同理，"截面"选择壳体内部一条边缘线，如图 2-137b 所示，其他参数不变，单击"确定"按钮，完成止口边创建。

图 2-136　"拉伸"对话框（止口边）

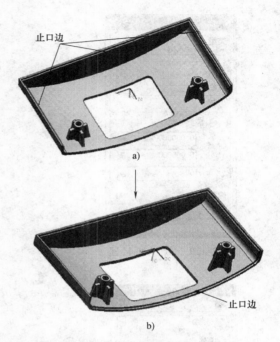

a)

b)

图 2-137　边缘创建止口

12. 建立文本

调整 WCS。单击"格式"→"WCS"→"旋转"命令，弹出如图 2-138 所示的"旋转 WCS"对话框，选中"-XC 轴"单选按钮，ZC 向 YC 转动 90°，单击"确定"按钮。文本创建于 XC-YC 平面，单击"格式"→"WCS"→"原点"命令，弹出如图 2-139 所示的"点"对话框，在"ZC"文本框中输入 60mm，单击"确定"按钮。

图 2-138　"旋转 WCS"对话框

单击"视图"→"方位"命令，弹出如图 2-140 所示的"CSYS"对话框，在"类型"下拉列表中选择"X 轴，Y 轴"，在"X 轴"选项区中选择"XC"，在"Y 轴"选项区中选择"YC"，单击"确定"按钮，则 XC-YC 面作为屏幕面，便于文本位置的摆放。

单击"插入"→"曲线"→"文本"命令，弹出"文本"对话框，如图 2-141 所示。在该对话框的"类型"下拉列表中选择"平面的"，在"文本属性"文本框中输入"神州"，在"字体"下拉列表中选择"华文行楷"，在屏幕任意位置放置文本。通过如图 2-142 所示的动态坐标系调整文本方向与位置。

13. 建立凸起

单击"插入"→"设计特征"→"凸起"命令，弹出如图 2-143 所示的"凸起"对话框。

在该对话框中的"截面"选项区选择"文本"曲线，在"要凸起的面"选项区选择要附着的曲面，在"几何体"下拉列表中选择"凸起的面"，在"位置"下拉列表中选择"偏置"，在"距离"文本框中输入 1mm，单击"确定"按钮，效果如图 2-144 所示。

图 2-139　"点"对话框

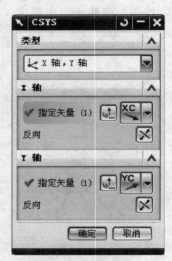

图 2-140　"CSYS"对话框

图 2-141　"文本"对话框（壳体）

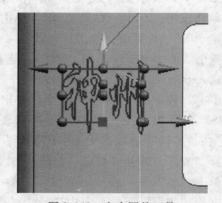

图 2-142　文本调整工具

14. 倒圆角

单击"插入"→"细节特征"→"边倒圆"命令，弹出如图 2-145 所示的"边倒圆"对话框。在该对话框中的"Radius 1"文本框中输入 1mm，选择要倒圆角的边，如图 2-146 所示，再单击"确定"按钮。

图 2-143　"凸起"对话框（壳体）

图 2-144　文本凸起效果

图 2-145　"边倒圆"对话框（壳体）

选择要
倒圆的边

图 2-146　边倒圆的位置（壳体）

单击按钮，保存文件，完成建模过程。

2.3.2　综合训练——笔帽三维模型的创建

以下创建如图 2-1b 所示的笔帽三维模型。

1. 新建一个模型文件

启动 UG 7.0，单击"文件"→"新建"命令，弹出"新建"对话框。在该对话框的"名称"文本框中输入新建文件的名称"bimao"，单击"确定"按钮。在"标准"工具栏中单击"开始"→"建模"命令，进入建模模块。

2. 创建草图（外形）

单击"插入"→"草图"命令，弹出如图 2-147 所示的"创建草图"对话框，单击"确定"按钮，接受默认的草绘平面。建立第 1 张草图，创建如图 2-148 所示的草图曲线，再单击"草图生成器"工具栏中的按钮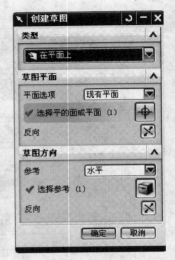，退出草图绘制状态。

3. 创建回转特征（外形）

单击"特征"工具栏中的按钮，弹出如图 2-149 所示的"回转"对话框，在"截面"选项区选择草图曲线，"指定矢量"选择 X 轴，在开始"角度"文本框中输入 0，在结束"角度"文本框中输入 360。单击"确定"按钮，生成的回转体如图 2-150 所示。单击"编辑"→"显示与隐藏"→"隐藏"命令，选择实体，单击"确定"按钮，隐藏实体。

图 2-147 "创建草图"对话框（笔帽外形）

4. 创建草图（内形）

单击"插入"→"草图"命令，在弹出的"创建草图"对话框中单击"确定"按钮，创建第 2 张草图。绘制的草图曲线如图 2-151 所示。单击按钮，退出草图绘制状态。

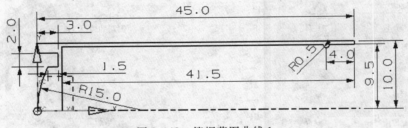

图 2-148　笔帽草图曲线 1

5. 创建回转特征（内形）

单击"特征"工具栏中的按钮，弹出"回转"对话框，在"截面"选项区选择草图曲线，如图 2-152 所示，"指定矢量"选择 X 轴，在开始"角度"文本框中输入 0，在结束"角度"文本框中输入 360。单击"确定"按钮，创建的回转体如图 2-153 所示。单击"编辑"→"显示与隐藏"→"隐藏"命令，选择实体，单击"确定"按钮，隐藏实体。

6. 创建草图（筋板）

单击"插入"→"草图"命令，在弹出的"创建草图"对话框中单击"确定"按钮，创建第 3 张草图。绘制的草图曲线如图 2-154 所示。单击"约束"按钮，选择四条直线分别与图 2-155 所示的直线共线，单击按钮，退出草图绘制状态。

7. 创建拉伸特征（筋板）

单击"特征"工具栏中的"拉伸"按钮，弹出如图 2-156 所示的"拉伸"对话框；"选择曲线"选择第 3 张草图中的梯形曲线，在"结束"下拉列表中选择"对称值"，在

"距离"文本框中输入 0.5mm；单击"确定"按钮，完成拉伸操作，效果如图 2-157 所示。将笔帽内的回转体显示出来，和拉伸体进行布尔运算，在"布尔"下拉列表中选择"求和"，再单击"确定"按钮，结果如图 2-158 所示。

图 2-149　"回转"对话框（外形）

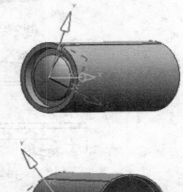

图 2-150　生成的回转体（外形）

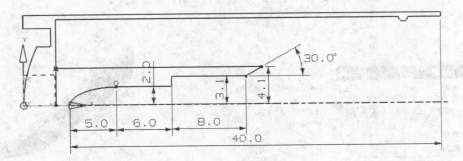

图 2-151　笔帽草图曲线 2

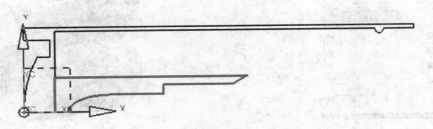

图 2-152　选择草图曲线（内形）

图 2-153　创建的回转体（内形）

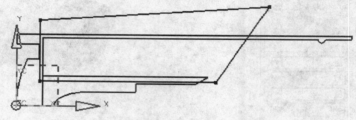

图 2-154　笔帽草图曲线 3

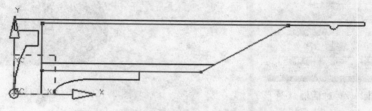

图 2-155　施加"共线"约束后的草图曲线

图 2-156　"拉伸"对话框（筋板）

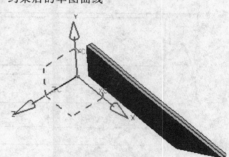

图 2-157　创建的拉伸体

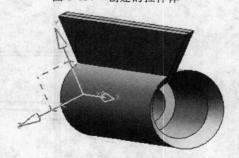

图 2-158　回转体和拉伸体求和

8. 创建圆形阵列

单击"插入"→"关联复制"→"实例特征"命令，弹出如图 2-159 所示的"实例"对话框。在该对话框中单击"圆形阵列"按钮，弹出如图 2-160 所示的"实例"对话框。选择拉伸体，如图 2-161 所示，单击"确定"按钮，弹出如图 2-162 所示的对话框。在"数量"文本框中输入 8，在"角度"文本框中输入 45，单击"确定"按钮，弹出如图 2-163 所示"实例"对话框。单击"基准轴"按钮，然后单击"确定"按钮，弹出"选择一个基准轴"对话框，如图 2-164 所示。选择 X 轴，弹出"创建实例"对话框，如图 2-165 所示。单击"是"按钮，弹出如图 2-166 所示的"实例"对话框。单击"取消"按钮，完成圆形阵列操作，结果如图 2-167 所示。

图 2-159　"实例"对话框（一）

图 2-160　"实例"对话框（二）

图 2-161　选择拉伸体

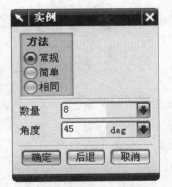
图 2-162　"实例"对话框（三）

图 2-163　"实例"对话框（四）

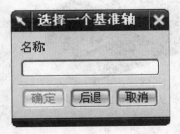
图 2-164　"选择一个基准轴"对话框

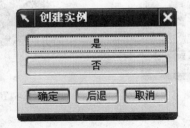
图 2-165　"创建实例"对话框

图 2-166　"实例"对话框（五）

单击"编辑"→"显示和隐藏"→"全部显示"命令,将实体全部显示出来,如图 2-168 所示。

9. 创建基准平面("工"字体)

单击"插入"→"基准/点"→"基准平面"命令,弹出如图 2-169 所示的"基准平面"对话框。在该对话框的"类型"下拉列表中选择"点和方向","指定点"选择捕捉"象限点","指定矢量"选择 ZC 轴,如图 2-170 所示,最后单击"确定"按钮。隐藏全部实体和草图曲线。

图 2-167 圆形阵列结果

图 2-168 显示全部对象

图 2-169 "基准平面"对话框("工"字体)

图 2-170 基准平面位置和方向

10. 创建草图("工"字体)

单击"插入"→"草图"命令,弹出"创建草图"对话框;选择基准平面为草图平面,单击"确定"按钮,创建第 4 张草图。在草图中用"轮廓"命令绘制如图 2-171 所示的曲线。单击"镜像"按钮，弹出"镜像曲线"对话框，如图 2-172 所示；选择 X 轴为镜像中心线，草图曲线为镜像曲线，再单击"确定"按钮，完成镜像操作，结果如图 2-173 所示。之后单击按钮 ，退出草图绘制状态。

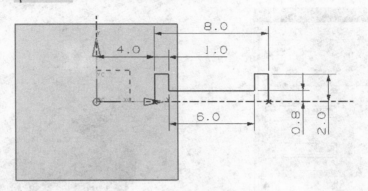

图 2-171　笔帽草图曲线4

图 2-172　"镜像曲线"对话框（"工"字体）

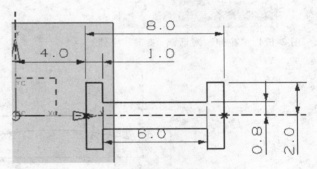

图 2-173　镜像的草图（"工"字体）

11. 创建拉伸特征（"工"字体）

　　单击"特征"工具栏中的"拉伸"按钮，弹出如图 2-174 所示的"拉伸"对话框。选择第 4 个草图中的"工"字形曲线，在"限制"选项区的"开始"下拉列表中选择"直至选定对象"，在结束"距离"文本框中输入 2.5mm，在"布尔"下拉列表中选择"求和"，"选择体"选择回转体，最后单击"确定"按钮，效果如图 2-175 所示。之后隐藏实体和曲线。

12. 创建草图（圆弧体）

　　单击"插入"→"草图"命令，弹出"创建草图"对话框；选择基准平面为草图平面，单击"确定"按钮。绘制第 5 张草图，如图 2-176 所示。单击"镜像曲线"按钮，弹出"镜像曲线"对话框，选择 X 轴为镜像中心线，选择草图曲线为镜像曲线，最后单击"确定"按钮，结果如图 2-177 所示。之后单击按钮 ，退出草图绘制状态。

13. 创建拉伸特征（圆弧体）

　　单击"特征"工具栏中的"拉伸"按钮，弹出如图 2-178 所示的"拉伸"对话框，选择第 5 张草图中的曲线为拉伸曲线，在开始"距离"文本框中输入 2.5mm，在结束"距离"文本框中输入 10mm，最后单击"确定"按钮，效果如图 2-179 所示。之后隐藏实体和曲线。

图 2-174　"拉伸"对话框（"工"字字体）

图 2-175　拉伸出"工"字实体

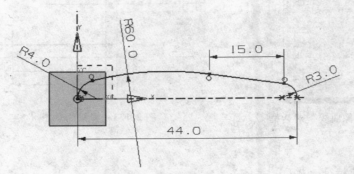

图 2-176　笔帽草图曲线 5

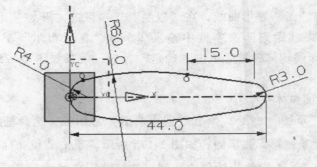

图 2-177　镜像草图曲线（圆弧体）

14. 创建草图（圆弧曲线）

单击"插入"→"草图"命令，弹出"创建草图"对话框，选择 XZ 平面为草图平面，单击"确定"按钮。创建第 6 张草图，绘制草图曲线如图 2-180 所示。单击"编辑"→"显示和隐藏"→"显示和隐藏"命令，弹出如图 2-181 所示的"显示和隐藏"对话框。单击"实体"后的"＋"号，显示出笔帽的全部实体，隐藏第 5 张草图拉伸的实体，如图 2-182 所示。单击"插入"→"草图"命令，弹出"创建草图"对话框，选择 YZ 基准平面为草图平面，单击"确定"按钮。创建第 7 张草图，在草图上绘制一个圆弧，并对圆弧施加约束，圆弧曲线和回转体端部圆同心，圆弧在第 6 张草图曲线的端点上，单击"完成草图"按钮，创建的圆弧曲线如图 2-183 所示。

图 2-178　"拉伸"对话框（圆弧体）

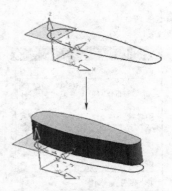

图 2-179　创建的拉伸体（圆弧体）

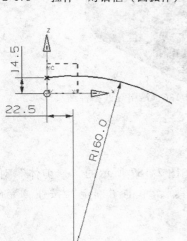

图 2-180　笔帽草图曲线 6

图 2-181　"显示和隐藏"对话框（一）

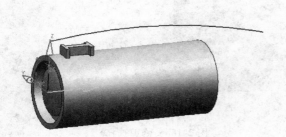

图 2-182　显示实体

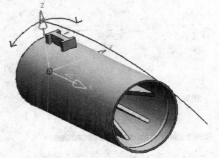

图 2-183　创建的圆弧曲线

15. 创建扫掠特征

单击 "插入" → "扫掠" → "沿引导线扫掠" 命令，弹出如图 2-184 所示 "沿引导线扫掠" 对话框。分别选取两条曲线为截面曲线和引导线曲线，如图 2-185 所示；单击 "确定" 按钮，生成的曲面如图 2-186 所示。之后显示全部实体和曲线。

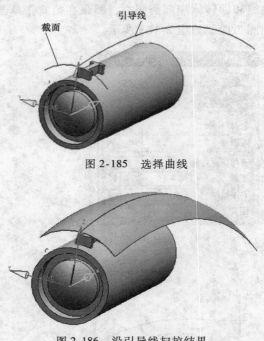

图 2-185　选择曲线

图 2-184　"沿引导线扫掠"
对话框（笔帽）

图 2-186　沿引导线扫掠结果

16. 创建修剪体

单击 "插入" → "修剪" → "修剪体" 命令，弹出如图 2-187 所示的 "修剪体" 对话框。选择如图 2-188 所示的拉伸体为 "目标"，片体为 "刀具"，单击 "确定" 按钮，完成修剪操作。修剪后的效果如图 2-189 所示。

图 2-187　"修剪体" 对话框（笔帽）

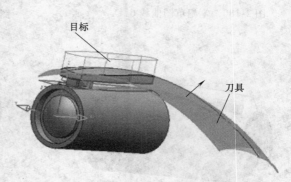

图 2-188　修剪选择

单击"编辑"→"显示和隐藏"→"显示和隐藏"命令，弹出 2-190 所示的"显示和隐藏"对话框。单击片体、草图、基准平面后面的"隐藏"按钮 ▬，单击"关闭"按钮，隐藏效果如图 2-191 所示。

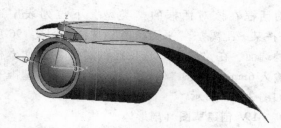

图 2-189　修剪后的效果

17. 创建球体

单击"插入"→"设计特征"→"球"命令，弹出如图 2-192 所示的"球"对话框。在该对话框的"类型"下拉列表中选择"中心点和直径"；在"指定点"选择"捕捉圆心" ⊙，再选择如图 2-193 所示的圆弧；在直径文本框中输入 4mm；单击"确定"按钮。创建的球体如图 2-194 所示。

图 2-190　"显示和隐藏"对话框（二）

图 2-191　隐藏后的效果

图 2-192　"球"对话框（笔帽）

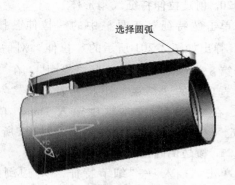

图 2-193　选择球体球心的位置

18. 创建基准平面（扇形体）

单击"插入"→"基准/点"→"基准平面"命令，弹出如图 2-195 所示的"基准平面"

对话框在该对话框的"类型"下拉列表中选择"按某一距离","平面参考"选择如图 2-196 所示的端面,在"偏置"选项区的"距离"文本框中输入 6mm,单击"确定"按钮。创建的基准平面如图 2-197 所示。

19. 创建草图(扇形体)

单击"草图"按钮 ,弹出如图 2-198 所示的"创建草图"对话框。选择基准平面为草图平面,选择 Y 轴为水平参考,如图 2-199 所示,单击

图 2-194　创建的球体

"确定"按钮。创建第 8 张草图,绘制的草图曲线如图 2-200 所示。单击按钮 🏁 完成草图 ,退出草图绘制状态。

图 2-195　"基准平面"对话框(扇形体)

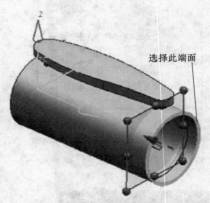

图 2-196　选择基准参考平面(扇形体)

20. 创建拉伸特征(扇形体)

单击"特征"工具栏中的"拉伸"按钮 📖,弹出如图 2-201 所示的"拉伸"对话框。选择第 8 张草图中的曲线为"截面",在"限制"选项区的"结束"下拉列表选择"对称值",在"距离"文本框中输入 1mm,单击"确定"按钮。创建的拉伸体如图 2-202 所示。

21. 棱边倒圆角(扇形体)

单击"插入"→"细节特征"→"边倒圆"命令,弹出如图 2-203 所示的"边倒圆"对话框。选择扇形体的四个棱边,如图 2-204 所示,在 Radius 文本框中输入 1mm,单击"确定"按钮。边倒圆后的效果如图 2-205 所示。

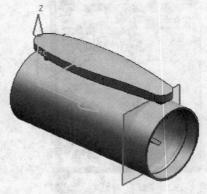

图 2-197　创建的基准平面(扇形体)

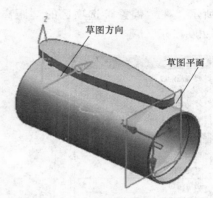

图 2-199　确定草图方位（扇形体）

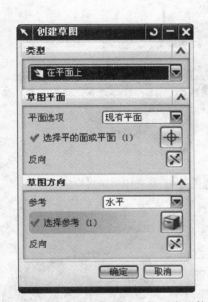

图 2-198　"创建草图"对话框（扇形体）

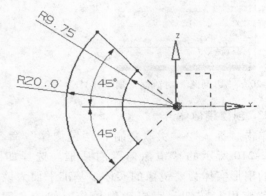

图 2-200　笔帽草图曲线 7

图 2-201　"拉伸"对话框（扇形体）

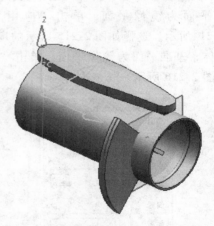

图 2-202　创建的拉伸体效果（扇形体）

22. 创建基准平面（扇形体镜像）

单击"插入"→"基准/点"→"基准平面"命令，弹出如图 2-206 所示的"基准平面"对话框。选择如图 2-207 所示的基准平面为"平面参考"，在"偏置"选项区的"距离"文本框中输入 3mm，单击"应用"按钮。同理，选择刚建立的基准平面为"平面参考"，如图

2-208 所示，在"偏置"选项区的"距离"文本框中输入 6mm，单击"确定"按钮，效果如图 2-209 所示。

图 2-203　"边倒圆"对话框（扇形体）

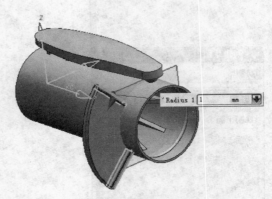

图 2-204　选择边倒圆棱边

23. 创建镜像体

单击"插入"→"关联复制"→"镜像体"命令，弹出如图 2-210 所示的"镜像体"对话框。选择如图 2-211 所示的扇形实体为要镜像的实体，基准平面为镜像平面，单击"应用"按钮，完成镜像操作，如图 2-212 所示。同理，选择如图 2-213 所示的扇形实体为要镜像的实体，基准平面为镜像平面，单击"应用"按钮，效果如图 2-214所示。选择如图 2-215 所示的扇形实体为要镜像的实体，基准平面为镜像平面，单击"应用"按钮，效果如图 2-216 所示。

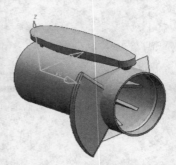

图 2-205　边倒圆后的效果

图 2-206　"基准平面"对话框（扇形体镜像）

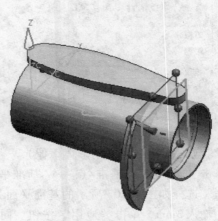

图 2-207　选择参考平面（一）

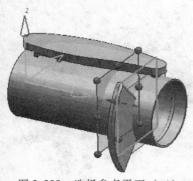

图 2-208 选择参考平面（二）

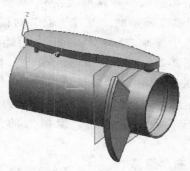

图 2-209 新创建的两个基准平面（扇形体镜像）

图 2-210 "镜像体"对话框（扇形体）

图 2-211 选择要镜像的实体和镜像平面（一）

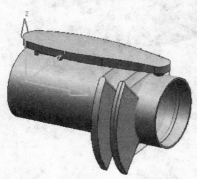

图 2-212 镜像后的效果（一）

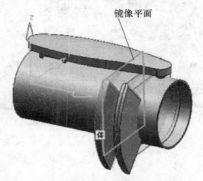

图 2-213 选择要镜像的实体和镜像平面（二）

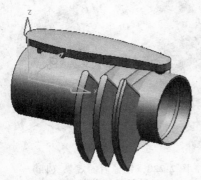

图 2-214 镜像后的效果（二）

图 2-215 选择要镜像的实体和镜像平面（三）

　　单击"插入"→"基准/点"→"基准平面"命令，弹出如图 2-217 所示的"基准平面"对话框。在"类型"下拉列表中选择"XC-ZC 平面"，手动将该平面拖动拉长，如图 2-218 所示，单击"确定"按钮。单击"插入"→"关联复制"→"镜像体"命令，弹出"镜像体"对话框，选择如图 2-219 所示的对象为镜像体和镜像平面，单击"确定"按钮，镜像后的效果如图 2-220 所示。

24. 布尔运算

　　单击"插入"→"组合体"→"求差"命令，弹出如图 2-221 所示的"求差"对话框。分别选择目标体和工具体，如图 2-222 所示；单击"确定"按钮，效果如图 2-223 所示。单击"插入"→"组合体"→"求和"命令，弹出如图 2-224 所示的"求和"对话框，选择一个实体为目标体，其余所有实体为工具体，单击"确定"按钮。

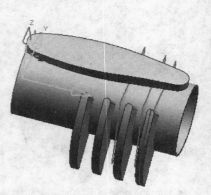

图 2-216　镜像后的效果（三）

图 2-217　"基准平面"对话框（左右镜像）

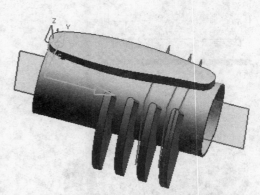

图 2-218　拖动拉长基准平面

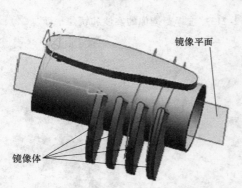

图 2-219　选择要镜像的实体和镜像平面（四）

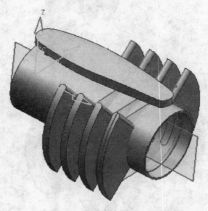

图 2-220　镜像后的效果（四）

图 2-221　"求差"对话框

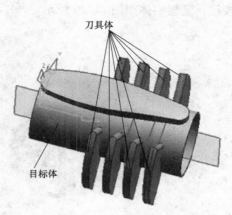

图 2-222　选择"求差"对象

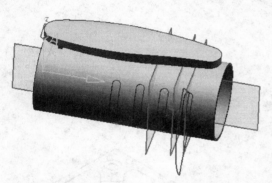

图 2-223　"求差"后的效果

图 2-224　"求和"对话框

25. 只显示实体

单击"编辑"→"显示和隐藏"→"显示和隐藏"命令，弹出如图 2-225 所示的"显示和

图 2-225　"显示和隐藏"对话框（三）

隐藏"对话框。单击该对话框"实体"后的按钮➕，其余选项后单击按钮➖，单击"关闭"按钮，笔帽实体如图 2-226 所示。

图 2-226　笔帽实体

2.4　训练项目

根据图 2-227 和图 2-228 所示零件图建立三维模型。

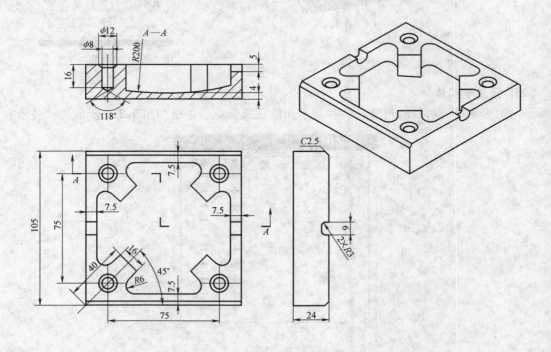

图 2-227　凹模零件

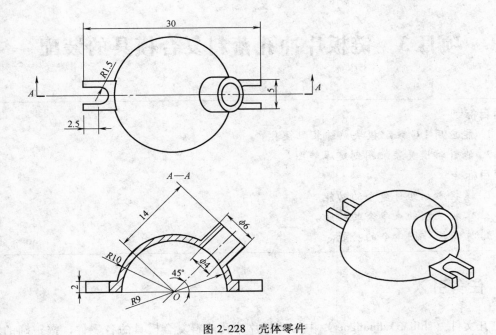

图 2-228 壳体零件

项目 3　链板片冲孔落料复合模具的装配

能力目标
　　1. 能应用 UG 装配模块熟练装配模具。
　　2. 能针对模具装配图创建爆炸图。
知识目标
　　1. 掌握添加组件命令的功能。
　　2. 掌握装配约束命令的功能。
　　3. 掌握爆炸图命令的功能。

3.1　任务引入

　　打开文件（shili\3\zhuangpei）中的链板片冲孔落料复合模具的各零件，按正确的顺序装配，效果如图 3-1 所示。

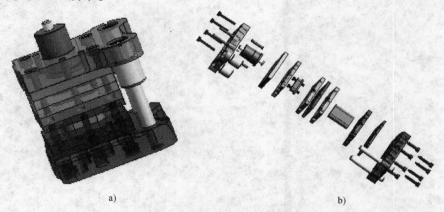

a)　　　　　　　　　　　　　　　　　　b)

图 3-1　链板片冲孔落料复合模具
a) 总装图　b) 爆炸图

3.2　相关知识

3.2.1　装配综述

　　任何一副模具均由多个部件组装而成。用 UG 软件装配模具的过程就是在装配中建立各部件之间的链接关系，通过关联条件在零件间建立约束关系来确定部件之间的位置。部件在装配中被引用，而不是复制到装配体中，各级装配文件仅保存该级的装配信息，不保存其子装配及其装配部件的模型信息。整个装配部件保持关联性，如果某部件修改，则引用其他的装配部件自动更新，反映部件的最新变化。

在学习装配操作之前，首先要熟悉 UG NX 7.0 中的一些装配术语和基本概念，以及如何进入装配模式。

1）装配部件：装配部件是由部件和子装配构成的。在 UG 中，允许向任何一个 Prt 文件中添加部件构成装配部件，因此任何一个 Prt 文件都可以作为装配部件。

2）组件对象：组件对象是一个从装配部件链接到部件主模型的指针实体。一个组件对象记录的信息包括部件名称、层、颜色、线型、线宽、引用集和配对条件等。

3）组件：组件是装配中由组件对象所指的部件文件。组件可以是单个部件，也可以是一个子装配。

4）子装配：子装配是在高一级装配中被用做组件的装配，子装配也拥有自己的组件。子装配是一个相对的概念，任何一个装配部件可以在更高级装配中用做子装配。

5）单个部件：单个部件是指在装配外存在的部件几何模型。它可以添加到一个装配中去，但其本身不能含有下级组件。

6）主模型：主模型是指 UG 模块共同引用的部件模型。同一主模型可同时被工程图、装配、加工、结构分析和有限元分析等模块引用。当主模型修改时，相关的应用自动更新。

7）自顶向下装配：自顶向下装配是指在上下文中进行装配，即在装配部件的顶级向下产生子装配和零件的装配方法。先在装配结构树的顶部生成一个装配，然后下移一层，生成子装配和组件。

8）自底向上装配：自底向上装配是先创建部件几何模型，再组合成子装配，最后生成装配部件的装配方法。

9）混合装配：混合装配是将自顶向下装配和自底向上装配结合在一起的装配方法。

UG 的装配模块是集成环境中的一个应用模块，其有两方面的作用：一方面将基本零件或子装配体组装成更高一级的装配体或产品总装配体；另一方面，可以先设计产品总装配体，然后再拆成装配体和单个可以进行加工的零件。

单击"标准"工具栏中的"开始"→"所有应用模块"→"装配"命令，即可进入装配环境，并弹出如图 3-2 所示的"装配"工具栏；或者选择"装配"菜单命令，打开如图 3-3 所示的"装配"下拉菜单，利用菜单或工具栏上的各选项就可以进行装配操作。

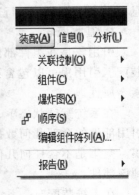

图 3-2　"装配"工具栏　　　　　　　　　图 3-3　"装配"下拉菜单

3.2.2　装配导航器

装配导航器是一种装配结构的图形显示界面，又被称为装配树。在装配导航器中，每个组件作为一个节点显示。它能清楚地反映装配中各个组件的装配关系，而且能让用户快速便捷地选取和操作各个部件。例如，用户可以在装配导航器中改变显示部件和工作部件、隐藏和显示组件。下面介绍装配导航器的功能及操作方法。

单击"装配导航器"按钮 ，弹出如图 3-4 所示的装配导航器。

如果将光标定位在树形图中的节点处，单击鼠标右键，会弹出如图 3-5 所示的快捷菜单。

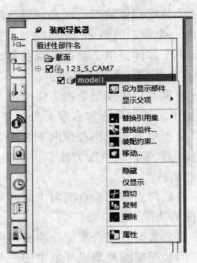

图 3-4　装配导航器　　　　　　　　　　　　图 3-5　节点菜单

3.2.3　引用集

在装配中，各部件含有草图、基准平面及其他辅助图形数据，如果要显示装配中所有的组件或子装配部件的所有内容，由于数据量大，需要占用大量内存，不利于装配操作和管理。通过引用集能够限定组件装入装配中的信息数据量，同时避免了加载不必要的几何信息，提高了机器的运行速度。

1. 基本概念

引用集是在组件部件中定义或命名的数据子集或数据组，可以代表相应的组件部件装入装配。引用集可以包含下列数据：名称、原点和方位、几何对象、坐标系、基准、图样体素、属性。

在系统默认状态下，每个装配件都有两个引用集：全集和空集。全集表示整个部件，即引用部件的全部几何数据。在添加部件到装配时，如果不选择其他引用集，默认状态使用全集。空集是不含任何几何数据的引用集。当部件以空集的形式添加到装配中时，装配中看不到该部件。

在系统装配时，系统还会增加"模型"和"轻量化"引用集两种引用集，从而定义实体模型和轻量化模型。

2. 创建引用集

单击"格式"→"引用集"命令，弹出"引用集"对话框，如图 3-6 所示。利用该对话框可以添加和编辑引用。

1）添加新的引用集，用于建立引用集。部件和子装配都可以建立引用集。部件的引用集既可以在部件中建立，也可以在装配中建立。如果要在装配中为某部件建立引用集，应先使其成为工作部件。

建立引用集的步骤为：单击"添加新的引用集"按钮，系统将弹出如图 3-7 所示的对话框；在"引用集名称"文本框中输入引用集名称，并根据需要，在绘图区选取几何对象，单击"确定"按钮。

2）编辑引用集。在图 3-7 所示的列表框中选中某一引用集，单击"属性"按钮，系统将弹出如图 3-8 所示的"引用集属性"对话框。在该对话框中输入属性标题和属性值，单击"确定"按钮即完成了该引用集属性的编辑。

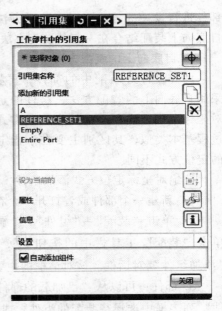

图 3-6 "引用集"对话框

3）信息。用于查看当前零部件中已有引用集的有关信息。

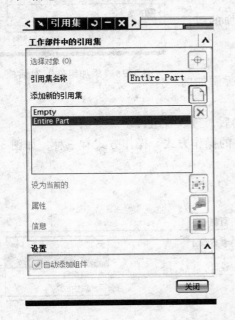

图 3-7 "添加新的引用集"对话框

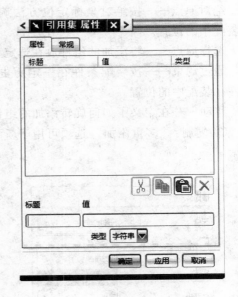

图 3-8 "引用集属性"对话框

3.2.4 装配方法

UG 的装配方法有自底向上装配、自顶向下装配和混合装配三种方法。自底向上的装配方法是真实装配过程的体现；而自顶向下的装配方法是在装配中参照其他零部件对当前工作部件进行设计的方法；混合装配方法是将自顶向下装配和自底向上装配结合在一起的装配方法。

1. 自底向上的装配方法

即先设计好装配中的部件，再将部件添加到装配中。采用自底向上的装配方法，组件的定位方式有两种，即绝对坐标定位方式和通过约束定位方式。这两种方法的操作过程基本类似，其区别主要在于指定部件添加信息时选择的定位方式不同。

按绝对坐标定位方式添加组件，其具体步骤如下：

1）新建一个部件或者打开一个存在的装配部件。

2）单击"装配"→"组件"→"添加组件"命令，或者单击"装配"工具栏中的按钮 ，弹出如图 3-9 所示的"添加组件"对话框。该对话框的主要选项介绍如下：

① 部件：可以从"已加载的部件"或"最近访问的部件"列表框中选择待装配的组件，或单击按钮 ，选择待装配的部件。

② 放置：用于设置组件在装配中的定位方式。定位方式有四种，如图 3-10 所示。

绝对原点——按绝对坐标定位方法确定所添加的组件在装配中的位置。

选择原点——将添加的组件放在选定点上。

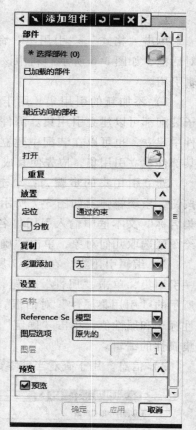

图 3-9 "添加组件"对话框

通过约束——按装配条件在一定历史条件下所添加的组件在装配中的位置。

移动——在定义了如何旋转添加的组件的方式后，再放置组件。

③ 复制："多重添加"选项可用于新添加组件的操作方式。操作方式有三种，如图 3-11 所示。

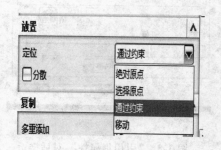

图 3-10 "定位"方式

图 3-11 "多重添加"方式

无——只添加组件的一个实例。

添加后重复——允许立即添加每个新添加组件的另一个实例。

添加后生成阵列——允许创建新添加组件的阵列。

④ 设置。

名称——为所添加的组件设置新的名称，默认为选中的组件的名称。

Reference Set（引用集）——该选项用于改变引用集。默认引用集是整个部件，表示加载整个部件的所有信息。可在其下拉列表框中选择部件的引用集代表部件进行装配。

图层选项——该选项用于指定部件放置的目标层，包含原先的、工作的和按指定的三种，如图 3-12 所示。

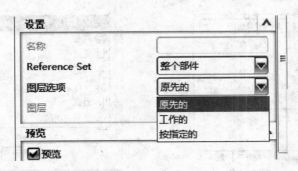

图 3-12　图层选项

原先的：保持部件原来的层设置。

工作的：将部件旋转至装配件的当前工作层上。

按指定的：将部件放在指定层上。

按绝对坐标定位方法添加组件时，只需将"定位"选项设置为"绝对原点"或"选择原点"，默认其他选项，单击"确定"按钮即可。如果"定位"选项选择"绝对原点"，则组件放置在绝对点（0，0，0）上，否则将在"添加部件"对话框之后出现另一个对话框，帮助放置组件。

如果"定位"选项选择"选择原点"，则出现"点"对话框；如果"定位"选项选择"通过约束"，则出现"装配约束"对话框；如果"定位"选项选择"移动"，则出现"移动组件"对话框。具体应用见 3.3.1 基本训练。

2. 通过约束方式添加组件

通过约束选项用于定义或设置两个组件之间的约束条件，其目的是确定组件在装配中的位置。

在"添加组件"对话框的"定位"下拉列表框中选择"通过约束"选项，单击"确定"按钮，或者单击"装配"工具栏中的"装配约束"按钮，弹出"装配约束"对话框，如图 3-13 所示。通过该对话框可以约束各组件的装配位置，各选项介绍如下。

（1）类型。该选项提供了确定组件装配位置的方式，如图 3-14 所示。

1）角度：定义两个对象间的角度尺寸，用于约束配对组件到正确的方位上。角度约束可以在两个具有方向矢量的对象间产生。角度是两个方向矢量的夹角，逆时针方向为正。选择如图 3-15 所示的组件的圆柱面，通过角度 30°约束组件装配。

2）中心：约束两个对象的中心，使其中心对齐。要约束的几何体有三种定位方式，如图 3-16 所示，具体含义如下。

1 对 2：将装配组件中的一个对象定位到基础组件中两个对象的对称中心。

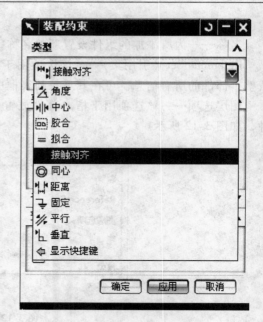

图 3-13　"装配约束"对话框　　　　　图 3-14　约束类型

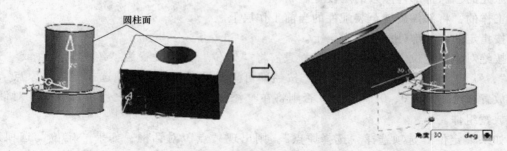

圆柱面

图 3-15　用角度约束组件装配

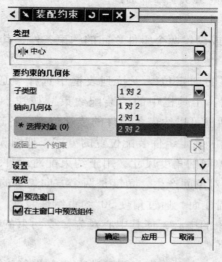

图 3-16　中心约束的三种类型

2 对 1：将装配组件中的两个对象定位到基础组件中的一个对象上，并与其对称。

2 对 2：将装配组件中的两个对象与基础组件中的两个对象成对称布置。

下面以"2 对 1"类型为例进行说明。

在 2 对 1 的类型下，分别选择如图 3-17 所示的圆柱面 1、2、3 的中心线，最后单击"确定"按钮即可。

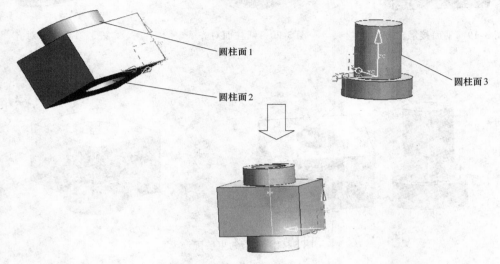

圆柱面 1

圆柱面 2

圆柱面 3

图 3-17　"2 对 1"中心约束装配

3）胶合：将组件"焊接"在一起，使它们作为刚体移动。

4）拟合：使具有等半径的两个圆柱面合起来。该约束对确定孔下销或螺栓的位置很有作用。如果半径不等，则此约束无效。拟合约束装配如图 3-18 所示。

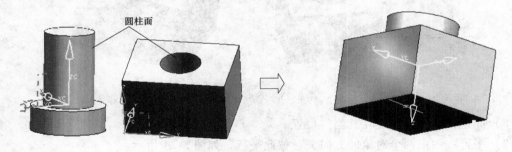

圆柱面

图 3-18　拟合约束装配

5）接触对齐：将两个平面对象定位，使它们共面或相邻。当对齐平面时，使两个表面共面且法线方向相同，如图 3-19 所示；当对齐圆柱、圆锥和圆环面等对称实体时，使其轴线相一致，如图 3-20 所示；当对齐边缘和线时，使两者共线，如图 3-21 所示。

6）同心：约束两个组件的圆形边界或椭圆边界，以使中心重合，并使边界面共面，如图 3-22 所示。

7）距离：用于指定两个配对对象间的最小距离。距离可以是正值，也可以是负值，正、负确定相配组件在基础件的哪一侧。配对距离由"距离"文本框中的数值决定，如图 3-23 所示。

　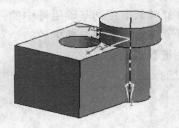　

图 3-19　平面接触对齐　　　　图 3-20　圆柱面对齐　　　　图 3-21　边缘对齐

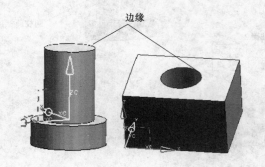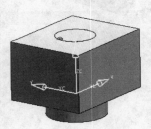

图 3-22　同心约束装配

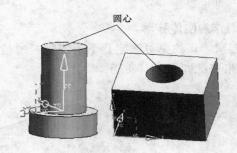

图 3-23　距离约束装配

8）固定：将组件固定在其当前位置。

9）平行：约束两个对象的方向矢量彼此平行，如图 3-24 所示。

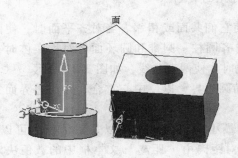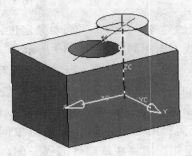

图 3-24　平行约束装配

10）垂直：约束两个对象的方向矢量彼此垂直，如图3-25所示。

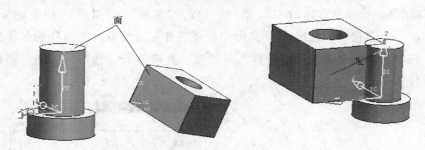

图3-25　垂直约束装配

（2）要约束的几何体。选择不同的装配类型，在"要约束的几何体"选项区中就会显示不同的选项，用来限定装配的步骤和参数等。

（3）设置。"设置"选项区的具体内容如图3-26所示。

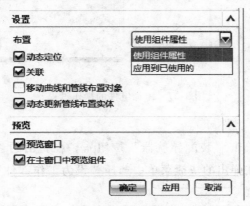

图3-26　设置内容

1）布置：指定约束如何影响布置中的组件的定位。

① 使用组件属性：指定组件属性对话框的参数页上的布置设置确定位置。布置设置可以是单独地定位，也可以是位置全部相同。

② 应用到已使用的：将约束应用于当前使用的布置。

2）动态定位：如果未选中"动态定位"复选框，则在单击"装配约束"对话框中的"确定"按钮或"应用"按钮之前，不打算约束或移动对象。

3）关联：选中该选项，则在关闭"装配约束"对话框时，将约束添加到装配。在保存组件时，将保存约束。如果清除"关联"复选框，则约束是临时存在的。在单击"确定"按钮退出对话框时，约束将删除。

4）移动曲线和管线布置对象：在约束中使用管线和相关曲线布置对象时移动对象。

具体应用见3.3.1基本训练。

3. 自顶向下的装配方法

自顶向下装配有以下两种方法，下面分别说明。

方法1：先在装配中建立一个新组件，它不包含任何几何对象，即"空"组件，然后使其成为工作部件，再在其中建立几何模型。下面举例介绍其操作步骤。

1）新建文件 chap3-6. prt，设置适合的工作界面环境，进入装配模块。

2）添加组件，操作过程如图 3-27 所示。单击"装配"→"组件"→"新建组件"命令，或单击"装配"工具栏中的按钮，弹出"新建组件"对话框。新组件的名称为 zhu1，单击"确定"按钮，弹出"创建新的组件"对话框。直接单击"确定"按钮，即可添加组件 zhu1 到装配件中。

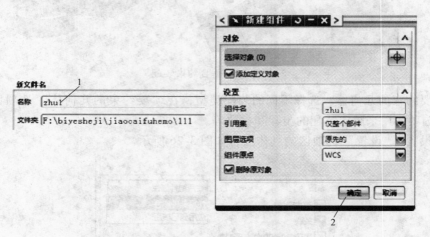

图 3-27　添加组件的操作过程

3）重复步骤 2）建立组件 zhu。

4）转换工作部件。单击"装配导航器"按钮，在弹出的"装配导航器"中选中组件 zhu；单击鼠标右键，在弹出的快捷菜单中选择"设为工作部件"命令，将组件 zhu 转换为工作部件。

5）进入建模模块，创建模型，如图 3-28 所示。其中，圆柱的直径为 50mm，高为 80mm；沉头孔的直径为 30mm，深度为 5mm；孔的直径为 16mm，深度为 80mm。

6）参照步骤 4），将组件 zhu1 转换为工作部件，创建与 zhu 同心的圆柱，其直径为 40mm，高 80mm，如图 3-29 所示。

7）应用 WAVE 链接器命令，将 zhu 添加到 zhu1 的工作部件中，应用布尔求差，把 zhu1 作为目标体，zhu 作为工具体，单击"确定"按钮，完成布尔操作。在"装配导航器"中选中 zhu1，单击鼠标右键，在弹出的快捷菜单中选择"设为显示部件"命令，则可观察到 zhu1 组件布尔求差后的变化情况，如图 3-30 所示。

图 3-28　组件 zhu　　　　　图 3-29　组件 zhu1　　　　　图 3-30　zhu1 组件求差后形状

8）在"装配导航器"中选中 chap3-6 装配体，单击鼠标右键，在弹出的快捷菜单中选择"转为工作部件"命令，将装配体转换为工作部件。

9）单击"装配"工具栏中的按钮，弹出"装配约束"对话框，"类型"选择"接触对齐"，"方位"选择"对齐"方式，再分别选择组件的平面为装配对齐面，单击"应用"按钮；"类型"选择"同心"约束方式，再分别选择两个组件的边缘线，单击"确定"按钮，完成组件的装配，如图 3-31 所示。

图 3-31   组件的装配过程

方法 2：先在装配中建立几何模型（草图、曲线、实体等），然后建立新组件，并把几何模型加入到新建组件中。

3.2.5   爆炸装配图

爆炸装配图是指在装配环境下，将装配体中的组件拆分开来，目的是为了更好地显示整个装配的组成情况。同时，可以通过对视图的创建和编辑，将组件按照装配关系偏离原来的位置，以便观察产品的内部结构及组件的装配顺序，如图 3-32 所示。

1. 爆炸图概述

爆炸图同其他用户定义的视图一样，各个装配组件或子装配已经从其装配位置移走。用户可以在任何视图中显示爆炸图形，并对其进行各种操作。爆炸图有如下特点：

1）对爆炸视图组件进行编辑操作。

2）对爆炸图组件操作影响非爆炸图组件。

3）爆炸图可随时在任一视图显示或不显示。

单击"装配"→"爆炸图"→"显示工具条"命令（或单击"装配"工具栏中的"爆炸图"按钮），弹出"爆炸图"工具栏，如图 3-33 所示。

图 3-32　爆炸图

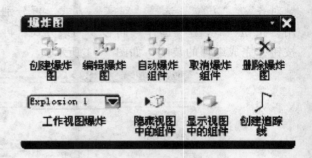

图 3-33　"爆炸图"工具栏

2. 建立爆炸图

要查看装配体内部的结构特征及其之间的相互装配关系，需要创建爆炸视图。单击"装配"→"爆炸图"→"新建爆炸图"命令（或单击"爆炸图"工具栏中的"创建爆炸图"按钮），弹出"创建爆炸图"对话框，如图 3-34 所示；单击"确定"按钮，即可建立爆炸图。

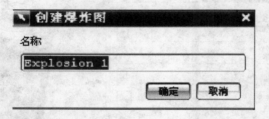

图 3-34　"创建爆炸图"对话框

3. 自动爆炸组件

创建新的爆炸图后，视图并没有发生变化，接下来就必须使组件炸开。UG 装配中组件爆炸的方式为自动爆炸，即基于组件关联条件，沿表面的正交方向按照指定的距离自动爆炸组件。

单击"装配"→"爆炸图"→"自动爆炸组件"命令，或者单击"爆炸图"工具栏中的"自动爆炸组件"按钮，弹出"类选择"对话框。选择需要爆炸的组件，单击"确定"按钮，弹出"爆炸距离"对话框。在该对话框的"距离"文本框中输入偏置距离，单击"确定"按钮，将所选的对象按指定的偏置距离移动。如果选中"添加间隙"复选框，则在爆炸组件时，各个组件根据被选择的先后顺序移动，相邻两个组件在移动方向上以"距离"文本框中输入的偏置距离隔开，如图 3-35 所示。

4. 编辑爆炸图

完成爆炸视图后，如果没有达到理想的爆炸效果，通常还需要对爆炸视图进行编辑。

单击"装配"→"爆炸图"→"编辑爆炸图"命令，或者单击"爆炸图"工具栏中的"编辑爆炸图"按钮，弹出"编辑爆炸图"对话框，如图 3-36 所示。首先选择要编辑的组件，

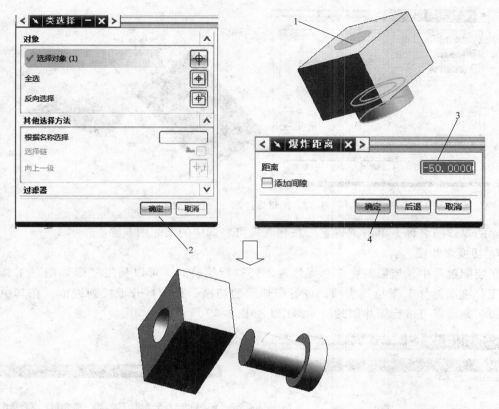

图 3-35　自动爆炸组件的操作过程

然后选中"移动对象"单选按钮，选中组件并移动到所需位置，如图 3-37 所示。

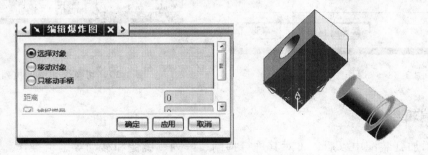

图 3-36　"编辑爆炸图"对话框

5. 取消爆炸组件

该选项用于取消已爆炸的视图。单击"装配"→"爆炸图"→"取消爆炸组件"命令，或单击"爆炸图"工具栏中的"取消爆炸组件"按钮，弹出"类选择"对话框。选择需要取消爆炸的组件，单击"确定"按钮，即可将选中的组件恢复到爆炸前的位置。

6. 删除爆炸图

当不需要显示装配体的爆炸效果时，可执行"删除爆炸图"操作将其删除。单击"爆炸图"工具栏中的"删除爆炸图"按钮，或者单击"装配"→"爆炸图"命令，弹出"爆炸图"对话框，如图 3-38 所示；系统在该对话框列出了所有爆炸图的名称，用户只需选择需

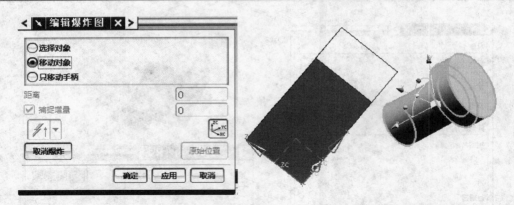

图 3-37　编辑爆炸图——移动对象

要删除的爆炸图名称，单击"确定"按钮，即可将选中的爆炸图删除。

7. 切换爆炸图

在装配过程中，当需要在多个爆炸视图间进行切换时，可以利用"爆炸图"工具栏中的"工作视图爆炸"下拉列表框，进行爆炸图的切换。只需打开下拉列表框，在其中选择爆炸图名称，即可进行爆炸图的切换操作，如图 3-39 所示。

图 3-38　"爆炸图"对话框

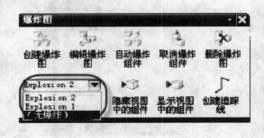

图 3-39　切换爆炸图下拉列表

3.2.6　编辑组件

组件添加到装配中以后，可对其进行抑制、阵列、镜像和移动等编辑操作。通过上述方法来实现编辑装配结构、快速生成多个组件等功能。

1. 抑制组件

"抑制组件"选项用于从视图显示中移除组件或子装配，以方便装配。

单击"装配"→"组件"→"抑制组件"命令，或者单击"装配"工具栏中的"抑制组件"按钮，弹出"类选择"对话框。选择需要抑制的组件或子装配，单击"确定"按钮，即可将选中的组件或子装配从视图中移除。

2. 组件阵列

在装配中，组件阵列是一种对应装配约束条件快速生成多个组件的方法。单击"装配"→"组件"→"创建阵列"命令，或者单击"装配"工具栏中的"创建阵列"按钮，弹出

"类选择"对话框。选择需阵列的组件，单击"确定"按钮，会弹出"创建组件阵列"对话框，如图 3-40 所示。

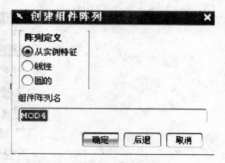

图 3-40　"创建组件阵列"对话框

3. 镜像装配

在装配过程中，如果窗口中有多个相同的组件，可通过镜像装配的形式创建新组件。单击"装配"→"组件"→"镜像装配"命令，或者单击"装配"工具栏中的"镜像装配"按钮，弹出"镜像装配向导"对话框。

4. 移动组件

在装配过程中，如果之前的约束关系并不是当前所需的，可对组件进行移动。重新定位包括点到点、平移、绕点旋转等多种方式。

单击"装配"→"组件"→"移动组件"命令，或者单击"装配"工具栏中的"移动组件"按钮，弹出"编辑爆炸图"选择对话框，如图 3-41 所示。单击"移动组件"按钮，弹出"移动组件"对话框，如图 3-42 所示。

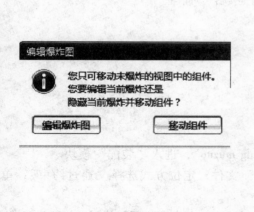

图 3-41　"编辑爆炸图"选择对话框　　　　　图 3-42　"移动组件"对话框

3.2.7　部件间建模

部件间建模技术是指利用链接关系建立部件间的相互关联，实现相关参数化设计。用户可以基于另一个部件的几何体去设计一个部件。

WAVE 几何链接器提供在工作部件中建立相关或不相关的几何体。如果建立相关的几何体，它必须被链接到在同一装配中的其他部件。链接的几何体相关到它的父几何体，改变父几何体将引起在所有其他部件中链接的几何体自动地更新。

单击"装配"工具栏中"WAVE 几何链接器"按钮，弹出"WAVE 几何链接器"对话框，如图 3-43 所示。

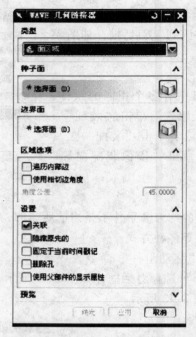

图 3-43　"WAVE 几何链接器" 对话框

3.3　任务实施

3.3.1　基本训练——模柄与模座的装配

具体操作过程如下：

1）打开文件 "shili\3\fuhemu\shang mu\shang muzuo"，进入 "装配" 模块。

2）单击 "添加组件" 命令，选择 "mubing" 文件，定位方式选择 "通过约束"，单击 "确定" 按钮，弹出 "装配约束" 对话框。

3）选择 "同心" 约束，分别选择组件圆 1 和组件圆 2，单击 "应用" 按钮，如图 3-44 所示。

4）选择 "接触对齐" 约束，方位选择 "接触"，选择组件面 1 和组件面 2，如图 3-45 所示，单击 "确定" 按钮，装配结果如图 3-46 所示。

5）保存为 zongzhuang-1。

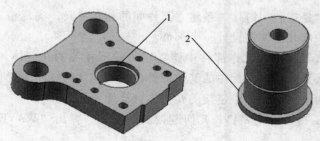

图 3-44　"同心" 约束对象选择

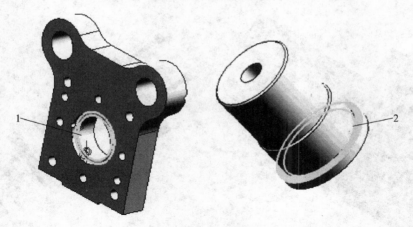

图 3-45 "距离"约束对象选择

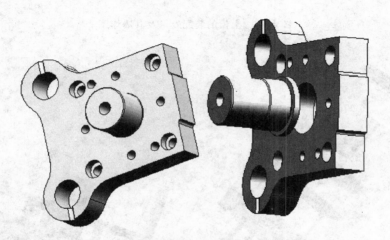

图 3-46 模柄与模座的装配效果及其爆炸图

3.3.2 综合训练——链板片冲孔落料复合模具的装配

1. 上模部分的装配方法与顺序

采用上述模柄与模座的装配过程，按以下顺序依次完成装配：

1）导套、上模垫板与 zongzhuang-1 中的上模座的装配，保存为 zongzhuang-2。

2）推块固定板、凹模、推块的装配，保存为 zongzhuang-3。

3）将打料杆与凸模装入凸模固定板，再将其与 zongzhuang-3 装配，最后装入螺钉、销钉，保存为 shangmuzongzhuang，完成上模部分装配，如图 3-47 所示。

2. 下模部分的装配方法与顺序

装配方法同上，装配顺序如下：

1）先将卸料板、橡胶、凸模固定板与凸凹模装配，然后装配下模垫板与螺钉，保存为 zongzhuang-5。

2）先将下模座与导柱装配，再与 zongzhuang-5 中的下模垫板装配，最后装配螺钉、销钉、定位销，保存为 xiamuzongzhuang，即完成复合模下模的装配，如图 3-48 所示。

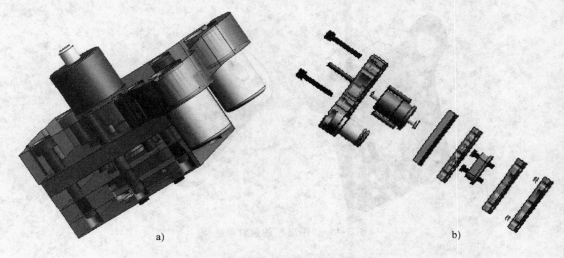

图 3-47　上模的装配效果及其爆炸图

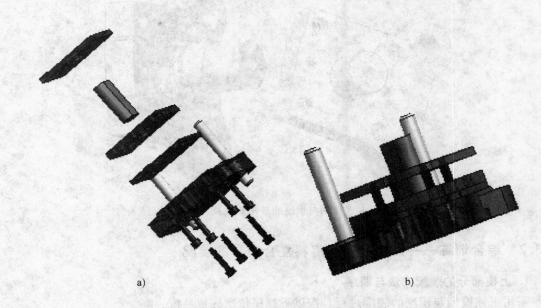

图 3-48　下模的装配效果及其爆炸图

3. 上模与下模的装配

进入 UG 建模，打开"shangmuzongzhuang"文件，将 xiamuzongzhuang 正确装入上模，如图 3-1 所示。

3.4　训练项目

根据 U 形件弯曲模的二维装配图（图 3-49a），将光盘文件 shili\3\chap3-exe 中的零件装配成三维图（图 3-49b），并爆炸装配图（图 3-49c）。表 3-1 所示为 U 形件弯曲模的零件名称。

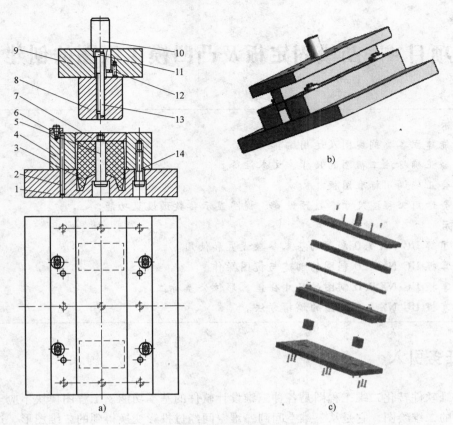

图 3-49 U 形件弯曲模

a) 二维装配图 b) 三维装配图 c) 三维爆炸图

表 3-1 U 形件弯曲模的零件名称

件 号	名 称	数 量	件 号	名 称	数 量
1	下模座	1	8	上模	1
2	圆柱销	4	9	上模座	1
3	橡胶	2	10	模柄	1
4	下模	2	11	螺钉	3
5	卸料螺钉	3	12	防转销	1
6	定位板	2	13	圆柱销	2
7	顶料板	1	14	紧固螺钉	6

项目 4　凸模固定板及凸凹模工程图的创建

能力目标

1. 能建立各类剖视图及运用编辑功能。
2. 会正确标注工程图的尺寸、文本注释。
3. 会正确调用标准图框。
4. 会运用工程图尺寸参数预设置、视图显示参数预设置功能。

知识目标

1. 了解 UG NX 7.0 制图的基本参数设置和使用。
2. 掌握 UG NX 7.0 制图的创建与视图操作。
3. 掌握 UG NX 7.0 制图的尺寸公差、形位公差标注。
4. 掌握 UG NX 7.0 制图的编辑方法。

4.1　任务引入

用三维软件转化二维工程图是各种三维设计软件的基本功能。工程图模块不应理解为传统意义上的二维绘图，它是从三维空间到二维空间经过投影变换得到的二维图形。这些图形严格地与零件的三维模型相关，一般不能在二维空间中进行随意的结构修改，因为修改它会破坏零件模型与视图之间的对应关系。三维实体模型的尺寸、形状和位置的任何改变，会引起二维制图自动改变。由于此关联性的存在，可以对模型进行多次更改。

在 UG 工程图模块中完成图 4-1 所示的凸模固定板及图 4-2 所示的凸凹模工程图的创建。

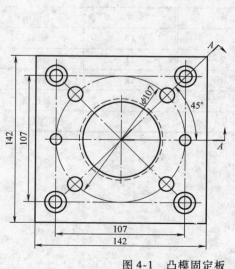
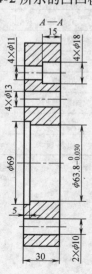

图 4-1　凸模固定板

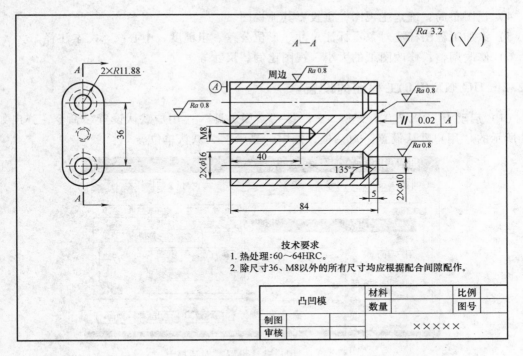

图 4-2　凸凹模

4.2　相关知识

4.2.1　工程图模块的特点

（1）UG NX 7.0 系统的工程图功能是基于创建的单位实体模型的投影得到的，实体模型的尺寸、形状和位置的任何改变会引起二维工程图自动改变。因此创建的工程图具有以下显著的特点。

1）工程图与三维模型之间具有完全相关性，三维模型的改变会反映在二维工程图上。

2）可以快速建立具有完全相关性的剖视图，并可以自动产生剖面线。

3）具有自动对齐视图功能，此功能允许用户在图样中快速放置视图，而不必考虑它们之间的对应关系。

4）能自动生成实体中隐藏线的显示特征。

5）可以在同一对话框中编辑大部分工程标注（如尺寸、符号等）。

6）支持装配结构和并行工程。

（2）在零件设计实体模型完成后，可以进入工程图应用模块，为零件建立工程图。工程图创建的一般过程如下：

1）进入工程图应用模块：单击"开始"→"制图"命令。

2）确定图纸：包括图纸大小、模型与图纸比例、单位、投影角。

3）图纸预设置：设置各种常用的参数值。

4）视图布局：确定主视图，再投影其他视图。

5）添加工程图标注对象：标注尺寸、形位公差、粗糙度、中心线、文本注释。

6）修改调整：修改图纸的大小、视图比例、尺寸等。

4.2.2　UG NX 7.0 工程图的设置

（1）启动 UG NX 7.0，单击"文件"→"实用工具"→"用户默认设置"命令，弹出如图
4-3 所示的"用户默认设置"对话框，选中"毫米"为默认单位。

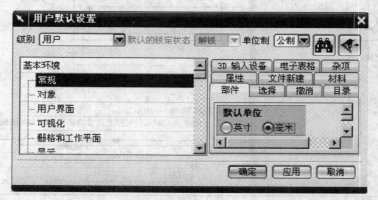

图 4-3　"用户默认设置"对话框

（2）单击"基本环境"→"绘图"命令，在"颜色"选项卡中选中"白纸黑字"单选按
钮，如图 4-4 所示。

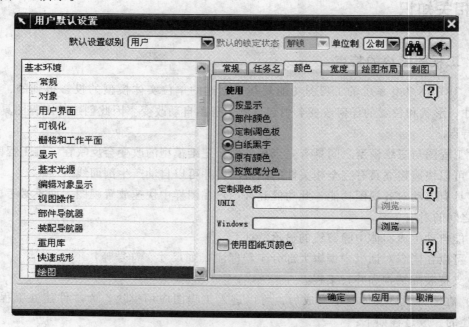

图 4-4　"颜色"选项设置

宽度"选项设置为使用三种定制宽度，定制的三种宽度数值根据实际需要设置，如图
4-5 所示。单击"应用"按钮，确认上述设置。

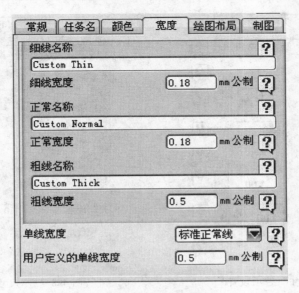

图 4-5 "宽度"选项设置

（3）单击"制图"→"常规"→"标准"命令，单击"用户自定义"按钮 [Customize Standard]，在弹出的"制图标准"对话框中进行设置。

1）单击"常规"→"图纸"命令，将"正交投影角"选项设置为"第一象限"，如图 4-6 所示。

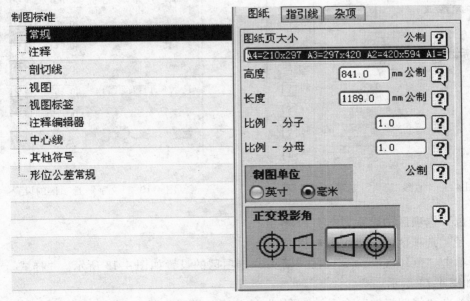

图 4-6 "正交投影角"选项设置

2）单击"注释"命令，在"尺寸"选项中进行如图 4-7 所示的设置，在"窄尺寸"选项中进行如图 4-8 所示的设置。

"直线/箭头"选项区的设置如图 4-9 所示。"文字"选项区中"尺寸文本"的设置与常规文本的设置一样，公差框高度因子设置为 2.0（在工程图中单独设置），如图 4-10 所示。

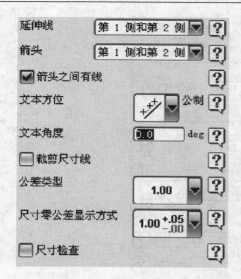

图 4-7 "尺寸"选项设置

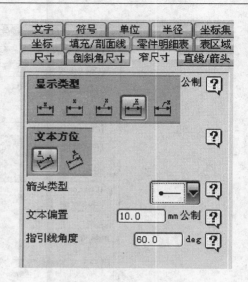

图 4-8 "窄尺寸"选项设置

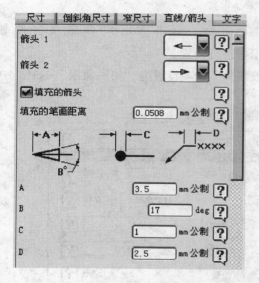

图 4-9 "直线/箭头"选项区的设置

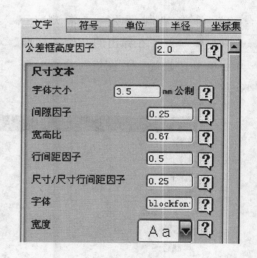

图 4-10 "文字"选项区的设置

"单位"选项区的设置如图 4-11 所示。

"半径"选项区的设置如图 4-12 所示。

3）单击"剖切线"命令，在"箭头"选项区的设置如图 4-13 所示。"样式"选项区的设置如图 4-14 所示。

4）单击"视图标签"命令，"其他"选项区的设置如图 4-15 所示，"详细"选项区的设置如图 4-16 所示。

5）单击"注释编辑器"命令，"几何公差符号"选项区的设置如图 4-17 所示。

6）单击"中心线"命令，"标准"选项区的设置如图 4-18 所示。

上述设置结束，单击按钮 Save As ，弹出如图 4-19 所示的"另存为制图标准"对话框。

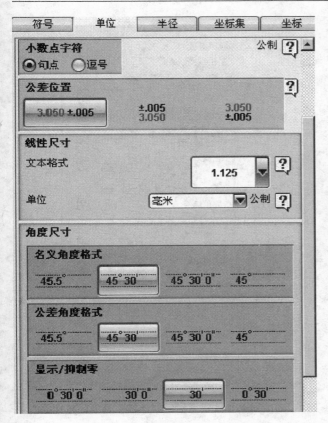

图 4-11　"单位"选项区的设置

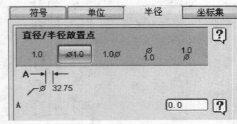

图 4-12　"半径"选项区的设置

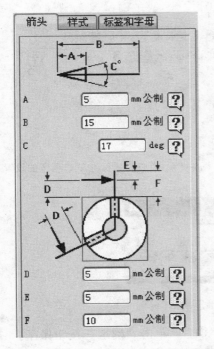

图 4-13　剖切线"箭头"选项区的设置

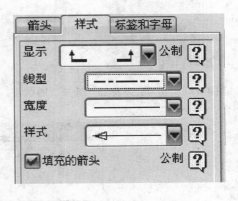

图 4-14　剖切线"样式"选项区的设置

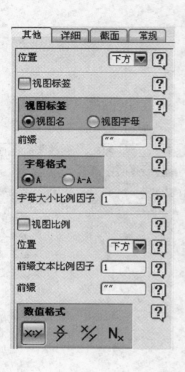

图 4-15　视图标签"其他"选项区的设置

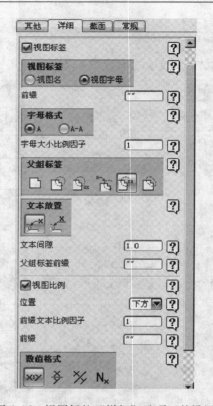

图 4-16　视图标签"详细"选项区的设置

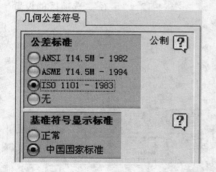

图 4-17　"几何公差符号"选项区的设置

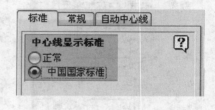

图 4-18　中心线"标准"选项区的设置

图 4-19　"另存为制图标准"对话框

在该对话框中输入用户自定义的工程图设置名"GB",单击"确定"按钮保存。

(4) 单击"制图"→"视图"命令,"光顺边"选项区的设置如图 4-20 所示。

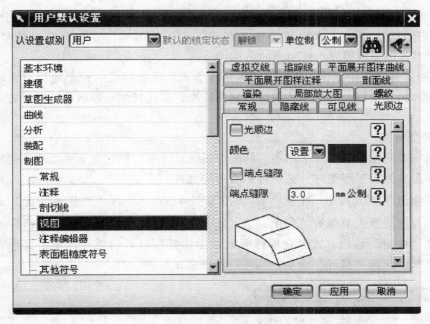

图 4-20　"光顺边"选项区的设置

（5）单击"制图"→"表面粗糙度符号"命令，"常规"选项区的设置如图 4-21 所示。

图 4-21　表面粗糙度符号"常规"选项区的设置

4.2.3　工程图的管理

1. 建立工程图

在 UG 环境中的"标准"工具栏上单击"开始"→"制图"命令，进入制图工作环境，并弹出如图 4-22 所示的"片体"对话框，可进行图纸参数的设置。该对话框中主要选项的功能及含义如下。

1）大小：该选项用于指定图纸的尺寸规格。确定图纸规格可直接在"大小"下拉列表框中选择与实体模型相适应的图纸规格。图纸规格随所选工程图单位的不同而不同，如果选择"毫米"为单位，则为公制规格；如果选择"英寸"为单位，则为英制规格。

2）比例：该选项用于设置工程图中各类视图的比例大小，系统默认的设置比例是 1:1。

3）图纸页名称：该文本框用于输入新建工程图的名称。系统会自动排号为 Sheet1、Sheet2 等，也可以根据需要指定相应的名称。

4）投影：该选项用于设置视图的投影角度方式。系统提供的投影角度有两种，即第一象限角投影和第三象限角投影。按我国的制图标准，应选择第一象限角投影的方式和毫米公制选项。

2. 打开工程图

对于同一个实体模型，可采用不同的图样图幅尺寸和比例建立多张二维工程图，当要编辑其中的一张或多张工程图时，必须将工程图先打开。

单击"图纸"工具栏中的按钮![icon]，弹出如图 4-23 所示的"打开图纸页"对话框。该对话框上部为过滤器，中部为工程图列表。在"图纸页名称"列表框中选择需要打开的工程图，单击"确定"按钮；或者在部件导航器中选择要打开的图样，单击鼠标右键，在弹出的快捷菜单中选择"打开"命令，即可打开所需的图样。

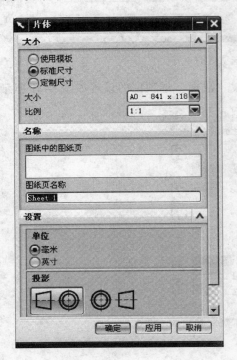

图 4-22 "片体"对话框

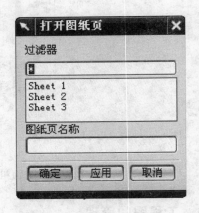

图 4-23 "打开图纸页"对话框

3. 删除工程图

若要删除某张工程图，可以在部件导航器中选择要删除的图样，单击鼠标右键，在弹出的快捷菜单中选择"删除"命令，即可删除该工程图。

4. 编辑工程图

在添加视图的过程中，如果发现原来设置的工程图参数不合要求（如图幅大小或比例不适当等），可以对工程图的有关参数进行相应修改。在部件导航器中选择要进行编辑的图

样，单击鼠标右键，在弹出的快捷菜单中选择"编辑图
纸页"命令，即可修改工程图的名称、尺寸、比例和单
位等参数。

5. 导航器操作

在 UG NX 中还提供了部件导航器，它位于绘图工
作区左侧，如图 4-24 所示。对应于每一幅工程图，有
相应的父子关系和细节窗口可以显示。在部件导航器上
同样有很强大的鼠标右键功能，对应于不同的层次，单
击鼠标右键后弹出的快捷菜单是不一样的。

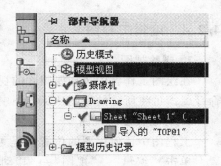

图 4-24　部件导航器

在根节点上单击鼠标右键，弹出的快捷菜单如图4-25所示。

◆ 栅格：整个图纸背景显示栅格。

◆ 单色：选中该选项，图纸以黑白显示。

◆ 插入图纸页：添加一张新的图纸。

◆ 展开：展开或收缩结构树。

◆ 过滤器：用于确定在结构树上是否显示和显示哪个节点。

在每张具体的工程图上单击鼠标右键，弹出的快捷菜单如图 4-26 所示。

◆ 视图相关编辑：对视图的关联性进行编辑。

◆ 添加基本视图：向图中添加一个基本视图。

◆ 添加图纸视图：向图中添加一个图纸视图。

◆ 编辑图纸页：编辑单张视图。

◆ 复制：复制这张图。

◆ 删除：删除这张图。

◆ 重命名：重新命名图。

◆ 属性：查看和编辑图的属性。

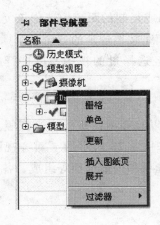

图 4-25　根节点上的快捷菜单

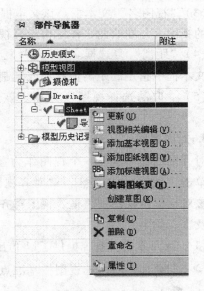

图 4-26　工程图上的快捷菜单

4.2.4　编辑工程图

1. 删除视图

在绘图工作区中选择要删除的视图，单击鼠标右键，在弹出的快捷菜单中选择"删除"命令，即可将所选的视图从工程图中移去。

2. 移动或复制视图

工程图中任何视图的位置都是可以改变的，可通过移动视图的功能重新指定视图的位置。单击"编辑"→"视图"→"移动/复制视图"命令，弹出如图 4-27 所示的"移动/复制视图"对话框。该对话框由视图列表框、移动或复制方式图标及相关选项组成。下面对各个选项的功能及用法进行说明。

（1）移动/复制方式。"移动/复制视图"对话框提供了以下四种移动或复制视图的方式。

1）至一点：选取要移动或复制的视图后，单击按钮，该视图的一个虚拟边框将随着鼠标的移动而移动，当移动到合适的位置后单击鼠标左键，即可将该视图移动或复制到指定点。

2）水平：在工程图中选取要移动或复制的视图后，单击按钮，系统即可沿水平方向移动或复制该视图。

3）竖直：在工程图中选取要移动或复制的视图后，单击按钮，系统即可沿竖直方向移动或复制该视图。

4）垂直于直线：在工程图中选取要移动或复制的视图后，单击按钮，系统即可沿垂直于一条直线的方向移动或复制该视图。

（2）"复制视图"复选框。该复选框用于指定视图的操作方式是移动还是复制。选中该复选框，系统将复制视图，否则将移动视图。

（3）"视图名"文本框。该文本框可以指定进行操作的视图名称，用于选择需要移动或复制的视图，与在绘图工作区中选择视图的作用相同。

（4）"距离"复选框。"距离"复选框用于指定移动或复制的距离。选中该复选框，即可按文本框中指定的距离值移动或复制视图，不过该距离是按照规定的方向来计算的。

（5）"取消选择视图"选项。该选项用于取消已经选择过的视图，以进行新的视图选择。

3. 对齐视图

对齐视图是指选择一个视图作为参照，使其他视图以参照视图进行水平或竖直方向对齐。单击"编辑"→"视图"→"对齐视图"命令，弹出如图 4-28 所示的"对齐视图"对话框。该对话框由视图列表框、视图对齐方式、视图对齐选项和矢量选项等组成，各个选项的功能及含义如下。

（1）对齐方式。系统提供了以下五种视图对齐方式。

1）叠加：将所选视图按基准点进行叠加对齐。

2）水平：将所选视图按基准点进行水平对齐。

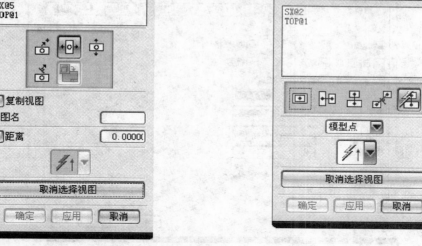

图 4-27 "移动/复制视图" 对话框   图 4-28 "对齐视图" 对话框

3）竖直：将所选视图按基准点进行垂直对齐。

4）垂直于直线：将所选视图按基准点垂直于某一直线对齐。

5）自动判断：根据所选视图，按基准点的不同用自动判断的方式对齐视图。

（2）视图对齐选项。该选项用于设置对齐时的基准点。基准点是视图对齐时的参考点，对齐基准点的选择方式有以下三种。

1）模型点：选择模型中的一点作为基准点。

2）视图中心：选择视图的中心点作为基准点。

3）点到点：按点到点的方式对齐各视图中所选择的点。选择该选项时，用户需要在各对齐视图中指定对齐基准点。

对齐视图时，首先要选择对齐的基准点方式，并在视图中指定一个点作为对齐视图的基准点，然后在视图列表框或绘图工作区中选择要对齐的视图，再在对齐方式中选择一种视图的对齐方式，则选择的视图会按所选的对齐方式自动与基准点对齐。当视图选择错误时，可单击 "取消选择视图" 按钮，取消选择的视图。

4. 编辑视图

在图纸导航器中选择要编辑的视图，或在绘图工作区中选择要编辑的视图，单击鼠标右键，在弹出的快捷菜单中选择 "样式" 命令，弹出如图 4-29 所示的 "视图样式" 对话框，应用对话框中的各个选项可重新设定视图的旋转角度和比例等参数。

5. 编辑剖切线

单击 "编辑"→"视图"→"剖切线" 命令，或者在 "制图编辑" 工具栏中单击按钮 ，弹出如图 4-30 所示的 "剖切线" 对话框。应用该对话框可以修改已存在的剖切线的剖切属性，如增加剖切线段、删除剖切线段、移动剖切线段和重新定义铰链线等操作。

修改剖切线属性时，用户首先要选择剖切线。选择剖切线的方法有两种：一种是在对话框弹出后，用鼠标在视图中直接选择剖切线；另一种是在对话框中单击 "选择剖视图" 按

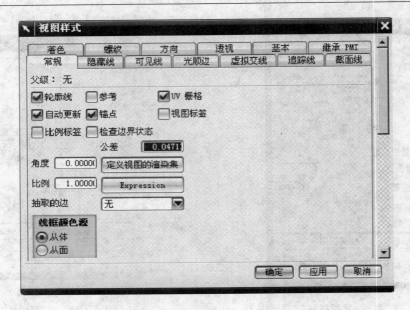

图 4-29 "视图样式"对话框

钮,激活剖视图列表框,再在剖视图列表框中选择剖视图,则系统自动选择视图中的剖切线。选择剖切线后,系统激活相应的添加段、删除段、移动段和重新定义铰链线等选项,这些选项对应于各种剖切线的编辑方法。可根据编辑剖切线的需要,选择一种编辑剖切线的方法。其中"移动旋转点"选项只能用于修改旋转剖视图。

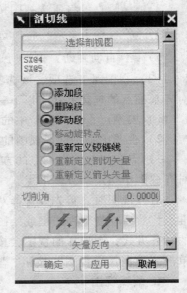

图 4-30 "剖切线"对话框

选择相应的编辑剖切线的方法后,用相对应的点创建功能或方向矢量选项来修改剖切线的位置和方向。完成修改后,系统就按新的剖切位置来更新剖视图。下面介绍剖切线的定义方式。

1)添加段:对剖切线进行适当的添加,使剖视图的表达更加完整,同时对话框中的点构造器将会被激活。用点创建选项在视图中指定增加的剖切线段的放置位置。此时,系统会自动更新剖切线,在指定的位置上增加一段剖切线,并更新剖视图。

对于旋转剖视图,在指定新的剖切线位置后,还需要在其邻近位置选择一段剖切线,告诉系统在旋转点的哪一方增加剖切线段。

2)删除段:对视图中多余的剖切线进行删除处理。删除剖切线时,在视图中选择剖切线上需要删除的剖切线段,则选择的剖切线段会在剖切线中被系统自动删除,并更新剖视图。

3)移动段:用于移动所选剖切线中某一段的位置。移动剖切线时,用户先选择剖切线上要移动的线段(它可以是剖切线,也可以是箭头,或是弯折位置),再用点创建选项指定移动的目标位置。在指定了位置后,系统会自动更新剖切线,选择的剖切线段移动到指定位置处，并更新剖视图。

4）移动旋转点：只用于移动旋转剖视图的旋转中心点的位置。移动旋转点时，用户只需要指定一个新的旋转点，系统即可将旋转剖视图的中心点移到指定位置上，并更新剖视图。

5）重新定义铰链线：用于重新定义剖视图的铰链线。重新定义铰链线时，用户利用矢量功能选项在视图中为剖视图指定一条新的铰链线，系统即可改变铰链线位置，并更新剖视图。

"重新定义剖切矢量"和"重新定义箭头矢量"选项的操作方式与"重新定义铰链线"的操作方式基本相同。

6. 视图相关编辑

单击"插入"→"视图"→"视图相关编辑"命令，或者在绘图工作区中选择要编辑的视图，单击鼠标右键，在弹出的快捷菜单中选择"视图相关编辑"命令，弹出如图 4-31 所示的"视图相关编辑"对话框。该对话框上部为添加编辑选项、删除编辑选项和转换相关性选项，下部为设置视图对象的颜色、线型和线宽等选项。应用该对话框，可以擦除视图中的几何对象和改变整个对象或部分对象的显示方式，也可取消对视图中所做的关联性编辑操作。

（1）添加编辑。

图 4-31　"视图相关编辑"对话框

擦除对象：擦除视图中选择的对象。单击该按钮后系统将弹出"类选择"对话框，用户可在视图中选择要擦除的对象（如曲线、边和样条曲线等对象），完成对象选择后，则系统会擦除所选对象。擦除对象不同于删除操作，擦除操作仅仅是将所选取的对象隐藏起来，不显示。但该选项无法擦除有尺寸标注的对象。

编辑完全对象：编辑视图或工程图中所选整个对象的显示方式。编辑的内容包括线条颜色、线型和线宽。单击该按钮后，"线框编缉"选项组中的线条颜色、线型和线宽等选项将变为可用状态。设置了线条颜色、线型和线宽选项后，单击"应用"按钮，将弹出"类选择"对话框。用户可在选择的视图或工程图中选择要编辑的对象（如曲线、边和样条曲线等对象），选择对象后，则所选对象会按指定的颜色、线型和线宽进行显示。

编辑着色对象：编辑视图或工程图中所选对象的阴影。单击该按钮后，弹出"类选择"对话框，用户可在选择的视图或工程图中选择要编辑的对象，选择对象后，回到"视图相关编辑"对话框，着色颜色、局部着色、透明度等选项变为可用状态，即可对选择的对象进行编辑。

编辑对象段：编辑视图中所选对象的某个片段的显示方式，可以对线条颜色、线型和线宽进行设置。单击该按钮后，先设置对象的线条颜色、线型和线宽选项，然后单击

"应用"按钮，将弹出"编辑对象分段"对话框。在视图中选择要编辑的对象，然后选择该对象的一个或两个边界点，则所选对象在指定边界点内的部分会按指定颜色、线型和线宽进行显示。

（2）删除编辑。该选项组用于删除前面所进行的某些编辑操作，系统提供了三种删除编辑操作的方式。

删除选择的擦除：对进行擦除后的对象进行撤销操作，使先前擦除的对象重新显示出来。单击该按钮后，系统将弹出"类选择"对话框，已擦除的对象会在视图中加亮显示。在视图中选择先前擦除的对象，则所选对象会重新显示在视图中。

删除选择的修改：对进行修改后的操作进行撤销，使先前编辑的对象回到原来的显示状态。单击该按钮后，系统将弹出"类选择"对话框，已编辑过的对象会在视图中加亮显示，用户可选择先前编辑的对象。完成选择后，则所选对象会按原来的颜色、线型和线宽在视图中显示出来。

删除所有修改：将在对象中进行的所有修改进行撤销操作，所有对象全部回到原来的显示状态。单击该按钮后，系统将弹出一个"删除所有修改"对话框，单击"是"按钮，则所选视图先前进行的所有编辑操作都被删除。

7. 编辑视图边界

单击"编辑"→"视图"→"视图边界"命令，或者在绘图工作区中选择要编辑的视图，单击鼠标右键，在弹出的快捷菜单中选择"视图边界"命令，弹出如图 4-32 所示的"视图边界"对话框。该对话框上部为视图列表框和视图边界类型选项，下部为定义视图边界和选择相关对象的功能选项。下面介绍该对话框中的各项参数。

（1）列表框。显示工作窗口中视图的名称。在定义视图边界前，用户先要选择所需的视图。选择视图的方法有两种，一种是在视图列表框中选择视图；另外一种是直接在绘图工作区中选择视图。当视图选择错误时，可单击"重置"按钮重新选择视图。

（2）视图边界类型。该选项提供了以下四种方式。

1）自动生成矩形：该类型边界可随模型的更改而自动调整视图的矩形边界。

2）手工生成矩形：该类型边界在定义矩形边界时，在选择的视图中通过按住鼠标左键并拖动鼠标来生成矩形边界，该边界也可随模型更改而自动调整视图的边界。

3）截断线/局部放大图：该类型边界用截断线或局部视图边界线来设置任意形状的视图边界。该类型仅仅显示出被定义的边界曲线围绕的视图部分。选择该类型后，系统提示选择边界线，用户可用鼠标在视图中选择已定义的截断线或局部视图边界线。

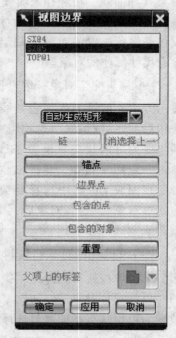

图 4-32 "视图边界"对话框

如果要定义这种形式的边界，应在打开"视图边界"对话框前，先创建与视图关联的截断线。创建与视图关联的截断线的方法：在工程图中选择要定义边界的视图，单击鼠标右键，在弹出的快捷菜单中选择"展开成员视图"命令，即可进入视图成员工作状态，再利用曲线功能在希望产生视图边界的部位创建视图截断线。完成截断线的创建后，再从快捷菜单中选择"展开成员视图"命令，恢复到工程图状态。这样就创建了与选择视图关联的截断线。

4）由对象定义边界：通过在视图中选择要包含的对象或点来定义边界的大小，并且单击对话框中的"包含的点"按钮或单击"包含的对象"按钮，可以进行点或对象选择的切换。

（3）边界点。在"边界类型"下拉列表框中选择"截断线/局部放大图"选项，然后选择截断线，单击对话框中的"应用"按钮，"边界点"按钮将被激活；再单击"边界点"按钮，在视图中选择点进行视图边界的定义。

（4）包含的点。在"边界类型"下拉列表框中选择"由对象定义边界"选项，再单击"包含的点"按钮，并在视图中选择相关的点进行视图边界的定义。

（5）包含的对象。在"边界类型"下拉列表框中选择"由对象定义边界"选项，再单击"包含的对象"按钮，并在视图中选择要包含的对象进行视图边界的定义。

4.2.5　添加视图

当图纸确定后，就可以在其中进行视图的投影和布局了。在工程图中，视图一般是用二维图形表示的零件形状信息，而且它也是尺寸标注和符号标注的载体，即由不同方向投影得到的多个视图就可以清晰完整地表示零件的信息。在 UG NX 系统中，在向工程图中添加各类视图后，还可以对视图进行移动、复制、对齐和定义视图边界等编辑视图的操作。

1. 添加基本视图和投影视图

单击"插入"→"视图"→"基本视图"命令，弹出"基本视图"对话框，如图 4-33 所示。在该对话框中选择创建视图的部件文件，指定添加的基本视图的类型，并对添加视图类型相对应的参数进行设置，在屏幕上指定视图的放置位置，即可生成基本视图。添加基本视图后移动鼠标，系统会自动转换到添加投影视图状态，"基本视图"对话框转换成如图 4-34 所示的"投影视图"对话框，随"铰链线"拖动视图，将"投影视图"定位到合适的位置，单击鼠标左键即可。

2. 全剖视图

在全剖视图中只包含一个剖切段和两个箭头段。它是用一个直的剖切平面通过整个零件实体而得到的剖视图。

单击"插入"→"视图"→"剖视图"命令，或在"图纸"工具栏中单击按钮 ⊙ ，弹出如图 4-35a 所示的"剖视图"对话框。利用该对话框在绘图工作区中选择父视图，打开如图 4-35b 所示的"剖视图"对话框，然后定义铰链线，指定剖切位置和放置剖视图的位置，即可完成剖视图的创建。对于每一个步骤，对话框都有一定的变化，可以利用对话框中的各个选项设置剖视图的剖切参数，效果如图 4-36 所示。

3. 半剖视图

半剖操作在工程上常用于创建对称零件的剖视图。它由一个剖切段、一个箭头段和一个弯折段组成。

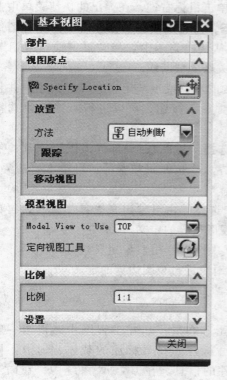

图 4-33　"基本视图"对话框

图 4-34　"投影视图"对话框

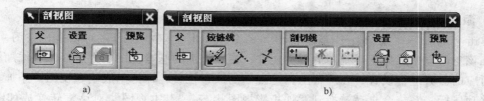

a)

b)

图 4-35　"剖视图"对话框

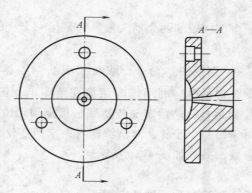

图 4-36　创建全剖视图

单击"插入"→"视图"→"半剖视图"命令，或在"图纸"工具栏中单击按钮 ，弹出如图 4-37 所示的"半剖视图"对话框。添加半剖视图的步骤包括选择父视图、指定铰链线、指定弯折位置、指定剖切位置及箭头位置、设置剖视图放置位置。

在绘图工作区中选择主视图为父视图，再用矢量功能选项指定铰链线，利用视图中的圆心定义弯折位置、剖切位置，最后拖动剖视图边框到理想的位置并单击鼠标左键，再指定剖视图的中心，按 <Esc> 键退出，效果如图 4-38 所示。

图 4-37 "半剖视图"对话框

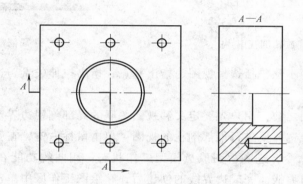

图 4-38 创建半剖视图

4. 旋转剖视图

单击"插入"→"视图"→"旋转剖视图"命令，或在"图纸"工具栏中单击按钮 ，弹出如图 4-39 所示的"旋转剖视图"对话框。添加旋转剖视图的步骤包括选择父视图、指定铰链线、指定旋转点、指定剖切位置、指定弯折位置与箭头位置、设置剖视图放置位置。

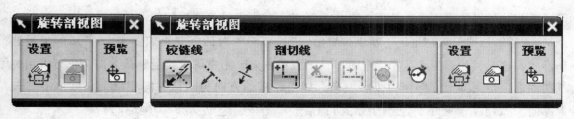

图 4-39 "旋转剖视图"对话框

在绘图工作区中选择主视图为要剖切的父视图，在父视图中选择旋转点，再在旋转点的一侧指定弯折位置、剖切位置，在旋转点的另一侧设置剖切位置、弯折位置。完成剖切位置的指定工作后，将鼠标移到绘图工作区，拖动剖视图边框到理想的位置并单击鼠标左键，再指定剖视图的放置位置，按＜Esc＞键退出操作，效果如图 4-40 所示。

5. 局部剖视图

单击"插入"→"视图"→"局部剖视图"命令，或在"图纸"工具栏中单击按钮 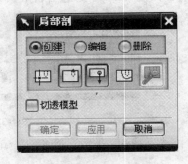，
弹出如图 4-41 所示的"局部剖"对话框，应用对话框中的选项就可以完成局部剖视图的创
建、编辑和删除操作。

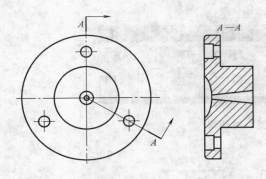

图 4-40　创建旋转剖视图　　　　　　　　　　　图 4-41　"局部剖"对话框

创建局部剖视图的步骤包括选择视图、指出基点、指出拉伸矢量、选择曲线和编辑曲线
五个步骤。

在创建局部剖视图之前，用户先要定义和视图关联的局部剖视边界。定义局部剖视边界
的方法是：在工程图中选择要进行局部剖视的视图，单击鼠标右键，在弹出的快捷菜单中选
择"扩展成员视图"命令，进入视图成员模型工作状态；用曲线功能在要产生局部剖切的
部位创建局部剖切的边界线。完成边界线的创建后，在绘图工作区中单击鼠标右键，再从快
捷菜单中选择"扩展成员视图"命令，恢复到工程图状态。这样即建立了与选择视图相关
联的边界线。

选择视图：当系统弹出图 4-41 所示的对话框时，"选择视图"按钮自动激活，并提
示选择视图。用户可在绘图工作区中选择已建立局部剖视边界的视图作为父视图，并可在对
话框中选中"切透模型"复选框，将局部剖视边界以内的图形部分清除。

指出基点：基点是用来指定剖切位置的点。选择视图后，该按钮被激活，在与局部
剖视图相关的投影视图中，选择一点作为基点，以指定局部剖视的剖切位置。

指出拉伸矢量：指定了基点位置后，"局部剖"对话框变为如图 4-42 所示的矢量选
项形式。这时，绘图工作区中会显示默认的投影方向，用户可以接受默认方向，也可以用矢
量功能选项指定其他方向作为投影方向；如果要求的方向与默认方向相反，则可单击"矢
量反向"按钮。设置好了合适的投影方向后，单击按钮 进入下一步操作。

选择曲线：曲线决定了局部剖视图的剖切范围。进入这一步后，对话框变为如图 4-43
所示的形式。此时，用户可利用对话框中的"链"按钮选择剖切面，也可以直接在图形中
选择。当选取错误时，可用"取消选择上一个"按钮来取消前一次选择。如果选择的剖切
边界符合要求，进入下一步。

图 4-42　指出拉伸矢量

图 4-43　选择剖切边界

图 4-44　编辑剖切边界

修改边界曲线：选择了局部剖视边界后，该按钮被激活，对话框变为如图 4-44 所示的形式。其相关选项包括"捕捉构造线"复选框。如果用户选择的边界不理想，可利用该步骤对其进行编辑修改。编辑边界时，选中"捕捉构造线"复选框，则在编辑边界的过程中会自动捕捉构造线。完成边界编辑后，系统会在选择的视图中生成局部剖视图。如果用户不需要对边界进行修改，可直接跳过这一步，单击"应用"按钮，即可生成如图 4-45 所示的局部剖视图。

6. 局部放大视图

在绘制工程图时，经常需要将某些细小结构（如退刀槽、越程槽等，以及在视图中表达不够清楚或者不便标注尺寸的部分结构）进行放大显示，这时就可以用局部放大视图操作来放大显示某部分的结构。局部放大视图的边界可以定义为圆形，也可以定义为矩形。

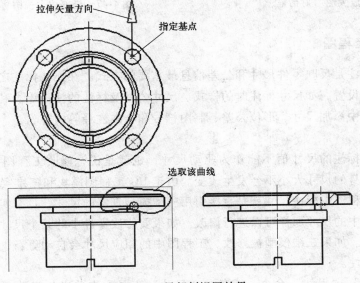

图 4-45　局部剖视图效果

在"图纸"工具栏中单击按钮 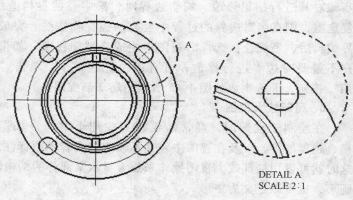，弹出"局部放大图"对话框，如图 4-46 所示。操作过程中，需在工程图中定义放大视图边界的类型，指定要放大的中心点，然后指定放大视图的边界点。在对话框中可以设置视图放大的比例，并拖动视图边框到理想位置，系统会将设置的局部放大图定位在工程图中，效果如图 4-47 所示。

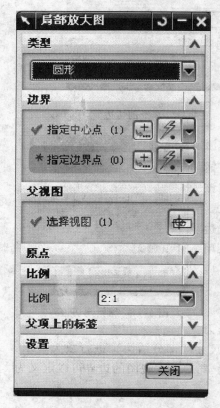

图 4-46　"局部放大图"对话框

图 4-47　局部放大视图

4.2.6　标注工程图

工程图的标注是反映零件尺寸和公差信息最重要的方式。在尺寸标注之前，应对标注时的相关参数进行设置，如尺寸标注时的样式、尺寸公差及标注的注释等。利用标注功能，用户可以向工程图中添加尺寸、形位公差、制图符号和文本注释等内容。

1. 尺寸标注

在工程图中标注的尺寸值不能作为驱动尺寸，也就是说，修改工程图上标注的原始尺寸，模型对象本身的尺寸大小不会发生改变。由于 UG 工程图模块和三维实体造型模块是完全关联的，在工程图中标注尺寸就是直接引用三维模型真实的尺寸，具有实际的含义，因此无法像二维软件中的尺寸那样可以进行修改。如果要修改零件中的某个尺寸参数，则需要在三维实体中修改。如果三维模型被修改，工程图中的相应尺寸会自动更新，从而保证了工程图与模型的一致性。

单击"插入"→"尺寸"命令，或者在"尺寸"工具栏中单击相应的命令按钮，系统将弹出相应的尺寸标注参数对话框。利用对话框中的选项，可以对尺寸类型、点/线位置、引线位置、附加文字、公差设置和尺寸线设置等选项进行设置，从而创建和编辑各种类型的尺寸。

工程图模块中提供了许多种尺寸类型，用于选取尺寸标注的标注样式和标注符号。下面介绍一些常用的尺寸标注方法。

自动判断：该选项由系统自动判断出选用哪种尺寸标注类型进行尺寸标注。

水平：该选项用于标注工程图中所选对象间的水平尺寸。

竖直：该选项用于标注工程图中所选对象间的竖直尺寸。

平行：该选项用于标注工程图中所选对象间的平行尺寸。

垂直：该选项用于标注工程图中所选点到直线（或中心线）的垂直尺寸。

倒斜角：该选项用于标注工程图中所选倒斜角的尺寸。

角度：该选项用于标注工程图中所选两直线之间的角度。

圆柱形：该选项用于标注工程图中所选圆柱的直径尺寸。

孔：该选项用于标注工程图中所选孔特征的尺寸。

直径：该选项用于标注工程图中所选圆或圆弧的直径尺寸。

半径：该选项用于标注工程图中所选圆或圆弧的半径尺寸，但标注不过圆心。

过圆心的半径：该选项用于标注工程图中所选圆或圆弧的半径尺寸，标注过圆心。

折叠半径：该选项用于标注工程图中所选大圆弧的半径尺寸，并用折线来缩短尺寸线的长度。

2. 表面粗糙度标注

通常情况下，该命令项没有打开，通过更改 UG 安装文件可调用表面粗糙度符号。依次打开安装目录 C:\Program Files\UGS\NX 7.0\UGII，以记事本打开 ugii_env. dat 文件，通过查找"finish"单词可以快速查找到表面粗糙度符号显示命令行：UGII_SURFACE_FINISH = OFF，将其更改为 UGII_SURFACE_FINISH = ON，如图 4-48 所示。保存并关闭文件，重新启动 UG，即可进行表面粗糙度的标注操作。

单击"插入"→"符号"→"表面粗糙度符号"命令，弹出如图 4-49 所示的"表面粗糙度符号"对话框。该对话框由三部分组成，上部用于选择表面粗糙度符号类型，中部用于显示所选表面粗糙度类型的参数和表面粗糙度的单位及文本尺寸，下部选项用于指定表面粗糙度的相关对象类型和确定表面粗糙度符号的位置。

（1）表面粗糙度基本类型和参数。根据零件表面的不同要求，在对话框中选择合适的粗糙度类型。选择的粗糙度类型不同，中部所显示的标注参数也不同。各参数的数值可以在下拉列表中选取，也可以自行输入。

（2）"Ra 单位"下拉列表。提供了两种表面粗糙度的单位，即"微米"和"粗糙度等级"。

（3）"符号方位"下拉列表。提供了两种粗糙度符号的方向，即水平和竖直。

（4）设置相关对象。

◆在指引线上创建：用于在指引线上生成表面粗糙度符号。

◆在边上创建：用于在边缘上生成表面粗糙度符号。

◆在尺寸上创建：用于在尺寸线上生成表面粗糙度符号。

◆在点上创建：用于在指定位置上生成表面粗糙度符号。

◆创建带指引线的注释：生成带指引线的表面粗糙度符号，指引线的类型可以通过其上部的"指引线类型"下拉列表进行选择。

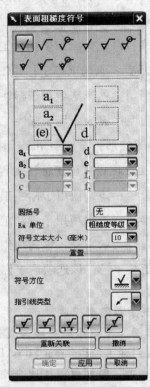

图 4-48　修改环境变量　　　　图 4-49　"表面粗糙度符号"对话框

3. 文本注释

单击"制图注释"工具栏中的"注释编辑器"按钮，进入"注释编辑器"完整界面。选择字体形式为"chinesef"，在 <F3> 与 <F> 之间输入"技术要求"，如图 4-50 所示。

4. 形位公差

（1）在"注释"编辑器中标注。单击"插入"→"注释"命令，弹出"注释"对话框，在该对话框"符号"选项区中的"类别"下拉列表中选择"形位公差"，如图 4-51 所示。首先选择公差框架格式，可根据需要选择单个框架或组合框架；然后选择形位公差项目符号，并输入公差数值和选择公差的标准。如果是位置公差，还应选择隔离线和基准符号。

（2）"特征控制框"标注。单击"插入"→"特征控制框"命令，弹出如图 4-52 所示的"特征控制框"对话框，在"帧"选项区的各选项中设置各选项。单击"样式"中的按钮，在弹出的对话框中的"文字"选项区中，"字体"选择如图 4-53 所示的"kanji"，使数字小数点为实心点。单击"确定"按钮，形位公差标注样式如图 4-54 所示。

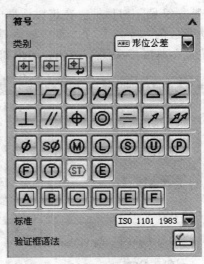

图 4-51　形位公差

图 4-50　中文文本示意

图 4-52　"特征控制框"对话框

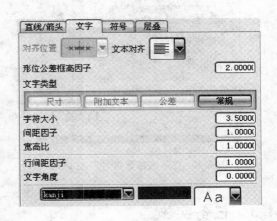

图 4-53　设置文字类型

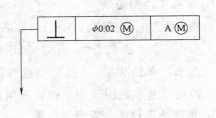

图 4-54　形位公差标注样式

（3）基准符号标注。单击"插入"→"基准特征符号"命令，弹出如图 4-55 所示的"基准特征符号"对话框。在该对话框的"指引线"选项区中选择"基准"，在"基准标识符"选项区的"字母"文本框中输入基准符号，选择曲线，拖动鼠标使基准符号放置在合适的位置，单击"关闭"按钮，结果如图 4-56 所示。

图 4-55　"基准特征符号"对话框

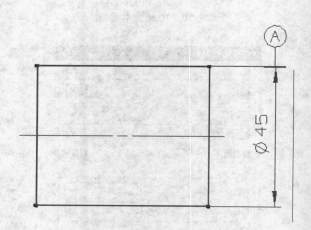

图 4-56　创建基准符号

4.3　任务实施

4.3.1　基本训练——凸模固定板工程图的创建

1. 建立工程图图纸

启动 UG 7.0，打开文件 shili\4\tumogudingban. prt，单击"应用"工具栏中的按钮，进入工程图环境，并打开"片体"对话框，如图 4-57 所示。"大小"设置为"A3-297 × 420"，选中"毫米"单选按钮，"投影"选择 　（第一象限角投影角度选项）。单击"确定"按钮，弹出"基本视图"对话框，选用系统默认的模型视图和比例。

2. 添加基本视图、旋转剖视图

（1）添加俯视图。将鼠标移到图幅范围内，按照习惯指定视图放置位置在图幅的左侧，

单击鼠标左键，添加的俯视图如图 4-58 所示。系统弹出 "投影视图" 对话框，按 < Esc > 键退出。

（2）创建旋转剖视图。单击 "图纸" 工具栏中的 "旋转剖视图" 按钮 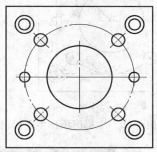，选择父视图，如图 4-59 所示，指定大圆圆心为旋转点，并定义剖切线；然后在适当位置放置剖视图。添加完毕，按 < Esc > 键退出。

图 4-58　添加基本视图（凸模固定板）

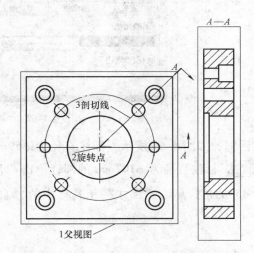

图 4-57　"片体" 对话框（凸模固定板）　　　图 4-59　创建旋转剖视图（凸模固定板）

3. 添加中心标记

单击 "中心标记" 命令，通过捕捉圆心点完成孔中心线的添加，如图 4-60 所示。

4. 添加 2D 圆柱中心线

单击 "中心线" 工具栏中的 "2D 中心线" 按钮 ⊡，通过捕捉点完成图 4-61 所示的中心线。

5. 设置线型

鼠标置于 A—A 视图边界上，单击鼠标右键，在弹出的快捷菜单中选择 "样式" 命令；在弹出的 "视图样式" 对话框中单击 "隐藏线" 选项卡，将隐藏线设置为虚线、细实线，设置对话框如图 4-62 所示。

6. 添加尺寸标注

（1）常规尺寸标注。单击 "尺寸" 工具栏中的 "圆柱尺寸" 按钮 ，弹出 "圆柱尺寸"

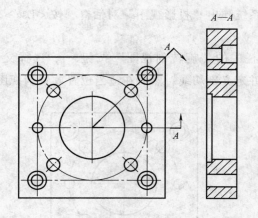

图 4-60　主视图添加中心标记

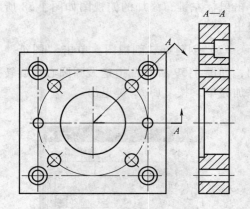

图 4-61　侧视图添加"2D 中心线"

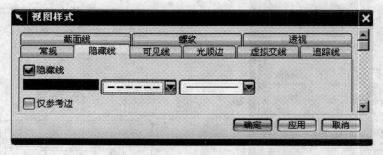

图 4-62　"视图样式"对话框

对话框，如图 4-63 所示，标注直径为 φ69mm 的孔；单击"尺寸"工具栏中的"直径"按钮，标注直径为 φ107mm 的圆；单击"尺寸"工具栏中的"角度"按钮，标注夹角为 45°的角；单击"尺寸"工具栏中的"自动判断"按钮，标注如图 4-64 所示的其余尺寸。

图 4-63　"圆柱尺寸"对话框（直径尺寸）

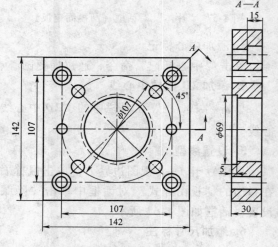

图 4-64　标注常规尺寸

　　单击"尺寸"工具栏中的"圆柱尺寸"按钮，在弹出的"圆柱尺寸"对话框中单击"文本"按钮，打开"文本编辑器"对话框，单击按钮，在文本框中输入"4×"，如图 4-65 所示；单击"确定"按钮，退出对话框，在合适的位置放置尺寸标注，如图 4-66 所示。

图 4-65　"文本编辑器"对话框　　　　　　　图 4-66　带附加文本尺寸标注

　　（2）尺寸公差标注。在标注尺寸的同时可以设置尺寸公差，也可以在标注完成后对带公差的尺寸进行单独编辑。单击"尺寸"工具栏中的"圆柱尺寸"按钮；在弹出的"圆柱尺寸"对话框中选择的公差形式如图 4-67 所示，选择公差方式为 1.00 +.00 -.02，公差精度设置为小数点后 3 位；单击按钮 ±.XX，设置下极限偏差为 −0.030；在合适的位置放置尺寸标注，得到图 4-1 所示的工程图。

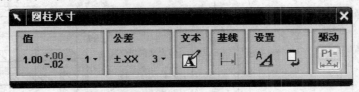

图 4-67　"圆柱尺寸"对话框（尺寸公差）

4.3.2　综合训练——凸凹模工程图的创建

1. 建立工程图图纸

　　启动 UG 7.0，打开文件 shili\4\tuaomo.prt，单击"应用"工具栏中的按钮，进入工程图环境，并打开"片体"对话框，如图 4-68 所示。选中"定制尺寸"单选按钮，在"高度"文本框中输入 210，在"长度"文本框中输入 297，选中"毫米"单选按钮和

图 4-68　"片体"对话框（凸凹模）

（投影角度选项）。单击"确定"按钮，弹出"基本视图"对话框，选用系统默认的"模型视图"类型"TOP"，比例为1:1。

2. 添加基本视图和剖视图

（1）添加俯视图。将鼠标移至图幅范围内，指定视图放置在图幅的左侧；系统弹出"投影视图"对话框，按 <Esc> 键退出，结果如图4-69所示。

（2）添加剖视图。单击"图纸"工具栏中的按钮 ，打开"剖视图"工具栏；选择父视图，选择一个圆的圆心为剖切位置，在视图右方的适当位置单击鼠标左键，指定剖视图的放置位置，如图4-70所示，最后按 <Esc> 键退出。

3. 隐藏边界

单击"首选项"→"制图"命令，弹出"制图首选项"对话框，如图4-71所示。在"视图"选项区的"边界"中，取消"显示边界"复选框内的勾选。

4. 添加尺寸标注

首先标注圆柱形直径尺寸M8。单击"尺寸"工具栏中的"圆柱尺寸"按钮 ，弹出"圆柱尺寸"对话框。单击"圆柱尺寸"对话框中的按钮 ，弹出"文本编辑器"对话框，如图4-72所示。单击按钮，在文本框中输入文本"M"，单击"确定"按钮，退出对话框，在合适的位置放置尺寸标注。同理，在标注 $2 \times \phi 10$ 和 $2 \times \phi 16$ 时，单击按钮，在文本框中输入"$2 \times$"，单击"确定"按钮，退出对话框，在合适的位置放置尺寸标注。

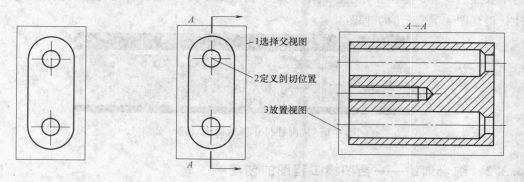

图 4-69　添加俯视图（凸凹模）　　　　　　图 4-70　添加剖视图操作

其余尺寸可用自动判断方式标注。标注尺寸如图4-73所示。

5. 标注形位公差

（1）单击"插入"→"基准特征符号"命令，弹出"基准特征符号"对话框，如图4-74

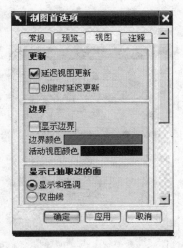

图 4-71 "制图首选项"对话框

图 4-72 "文本编辑器"对话框（凸凹模）

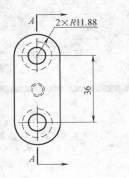

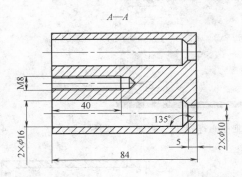

图 4-73 常规尺寸标注（凸凹模）

所示。在"基准标识符"选项组的"字母"文本框中输入 A；单击"指引线"选项组中的按钮，选择工作区中左侧的直线，最后放置基准符号到合适位置。

（2）单击"插入"→"特征控制框"命令，弹出"特征控制框"对话框，如图 4-75 所示。在"帧"选项区的"特性"下拉列表框中选择" // 平行度"，在"框样式"下拉列表框中选择"单框"，在"公差"文本框中输入 0.02，在"主基准参考"下拉列表框中选择 A。选择好放置位置，按住鼠标左键并拖动到合适位置，单击鼠标左键，放置形位公差图框，如图 4-76 所示。

6. 标注表面粗糙度符号

单击"插入"→"符号"→"表面粗糙度符号"命令，弹出"表面粗糙度符号"对话框，如图 4-77 所示。选择"带修饰符的基本符号"，在"c"文本框中输入表面粗糙度数值"Ra0.8"，定义放置形式为"在边上创建"，选择放置边，用鼠标单击确切的放置位置。单击"插入"→"注释"命令，弹出"注释"对话框，展开"文本输入"选项区，在"格式化"中选择"chinesef"，在文本框中输入"周边"，鼠标移动到如图 4-78 所示的表面粗糙度数值前面，确定放置位置，单击鼠标左键，按 <Esc> 键退出注释。

图 4-74　"基准特征符号"对话框（凸凹模）　　　图 4-75　"特征控制框"对话框（凸凹模）

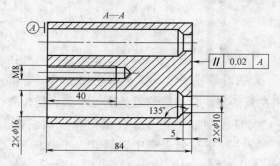

图 4-76　形位公差标注（凸凹模）

同理，在其他部位创建表面粗糙度符号。

7. 调用图框

单击"文件"→"导入"→"部件"命令，弹出"导入部件"对话框；单击"确定"按钮，打开文件 shili\4\A4tukuang. prt；单击"确定"按钮，弹出"点"对话框，选用默认值；单击"确定"按钮，将图框导入，如图 4-79 所示。

8. 添加文本

单击"插入"→"注释"命令，弹出"注释"对话框，在"格式化"选项区中选择"chinesef"，在文本框中输入技术要求内容，如图 4-80 所示。单击"注释"中的设置"样式"按钮，弹出"样式"对话框，如图 4-81 所示。将"字符大小"改为"4.5"，单击

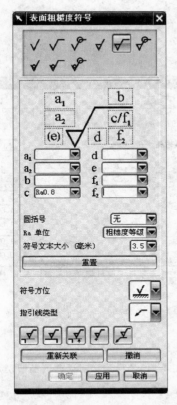

图 4-77　"表面粗糙度符号"对话框（凸凹模）

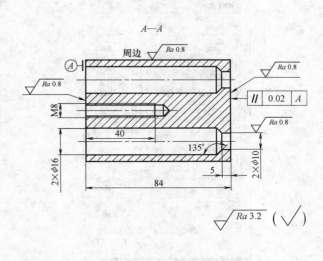

图 4-78　表面粗糙度符号标注（凸凹模）

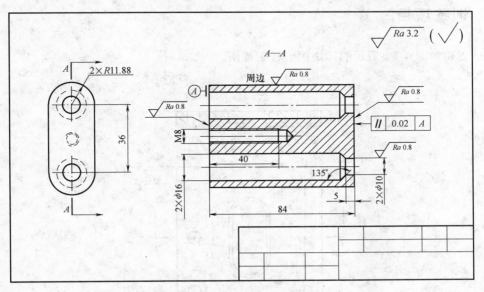

图 4-79　调用图框（凸凹模）

"确定"按钮，移动鼠标将文本移到合适的位置，单击鼠标左键。

　　同理，修改文本内容，字符大小，添加其他文本，完成如图 4-2 所示的工程图。完成后按 < Esc > 键退出。

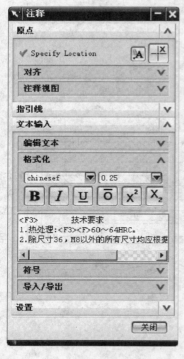

图 4-80　"注释"对话框（凸凹模）　　　　　　图 4-81　"样式"对话框（凸凹模）

至此完成工程图的创建，单击按钮 ⊟ 保存文件。

4.4　训练项目

1. 创建如图 4-82 所示的推块固定板工程图。

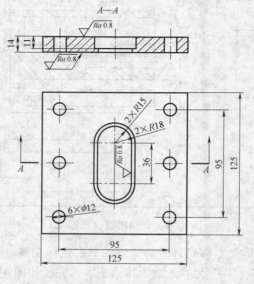

图 4-82　推块固定板

2. 创建如图 4-83 所示的支架工程图。

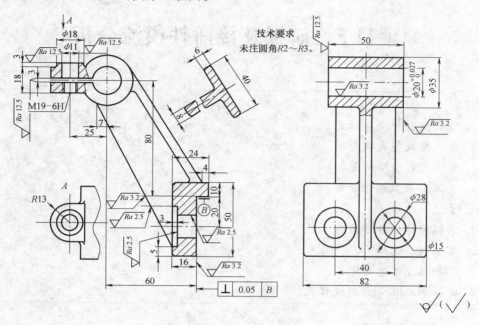

图 4-83　支架

项目 5　面板及接插件模流分析

能力目标
1. 能正确分析浇口位置。
2. 会注塑成型充填分析。
3. 会注塑成型冷却分析。
4. 会注塑成型翘曲分析。

知识目标
1. 掌握网格划分方法。
2. 掌握材料选择。
3. 掌握注塑工艺的定义。
4. 掌握 Moldflow 分析流程。

5.1　任务引入

随着工业的飞速发展，塑料制品的用途日益广泛，注塑模具工艺空前发展，仅依靠经验设计塑件产品及模具已经不能更好地满足需要，企业越来越多地利用注塑模流分析技术来辅助进行塑件和塑料模具的设计，指导塑料成型生产。

通过对接线盒面板进行最佳浇口位置分析和对塑料接插件进行冷却、流动和翘曲分析，使读者快速掌握 Moldflow 软件的分析过程和方法，如图 5-1 和图 5-2 所示。

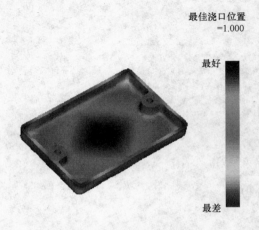

最佳浇口位置
=1.000

最好

最差

图 5-1　接线盒面板浇口位置分析

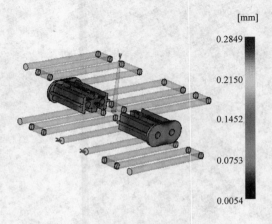

变形，所有因素：变形
比例因子=1.000

[mm]

0.2849

0.2150

0.1452

0.0753

0.0054

图 5-2　接插件冷却、流动、翘曲分析

5.2　相关知识

5.2.1　Moldflow 基本操作

1. Moldflow 用户界面

（1）Moldflow 主要组成。Moldflow 的主要组成部分包括标题栏、菜单栏、工具栏、主窗口、项目窗口、任务窗口、层窗口和状态栏，如图 5-3 所示。各部分的功能如下。

图 5-3　Moldflow 用户界面

◆标题栏：显示 Moldflow 版本的名称及项目名称。

◆工具栏和菜单栏：提供一个调用 MPI 各项功能的快捷方式。

◆主窗口：显示模型和分析结果。

◆项目窗口：管理项目所包含的所有方案任务。

◆任务窗口：列出分析所需的基本步骤。

◆层窗口：对窗口显示实现层控制。

◆状态栏：显示软件当前的工作状态。

（2）各菜单及其功能。

1）文件：创建、打开、关闭、导入、导出及保存项目和模型。

2）编辑：复制、切割、粘贴、选择和编辑目标及其属性。

3）视图：可以执行各个工具栏的打开/关闭和锁定/解锁视图等命令。

4）建模：手工或使用向导创建，复制或查询实体、节点、曲线和模型区域。

5）网格：创建、诊断和修复网格。

6）分析：设置成型工艺，分析序列，选择材料，设置工艺条件和该分析的所有属性。

7）结果：可以执行绘图新建、翘曲结果查看、绘图属性编辑和绘图结果等命令。

8）报告：可以执行分析结果报告自动生成等命令。

2. Moldflow 基本流程

Moldflow 进行注射分析的基本操作流程为：新建工程项目→导入产品模型→划分网格→诊断并修复网格缺陷→选择分析项目→选择分析材料→设定成型工艺参数→开始分析→分析结果查看→分析结果报告制作。

（1）建立模型。建立模型包括新建一个工程项目、导入或新建 CAD 模型、划分网格、检验及修改网格。导入或新建 CAD 模型时，通常还需根据分析的具体要求，将模型进行一定的简化。

在 Moldflow 中，要建立一个分析模型，需要先建一个工程项目，再新建一个 CAD 模型；或者利用通用数据格式导入用 UG、Pro/E 等 CAD 软件建好的模型，然后对该模型进行网格划分。然后根据需要设置网格的类型、尺寸等参数，对划分好的网格进行检验，删除面积为零和多余的网格，并修正畸变严重的网格。

网格划分和修改完毕，需要设定浇口位置。有时还需创建浇注和冷却系统，并确定主流道和分流道的大小及位置，以及冷却水道的大小和位置。

（2）设定参数。设定参数包括选择分析类型、成型材料、工艺参数。设定参数时，首先要确定分析的类型，根据分析的主要目的选择相应的模块进行分析，然后在材料库中选择成型的材料，或自行设定材料的各种物理参数。最后按照注射成型的不同阶段，设定相应的温度、压力和时间等工艺参数。

（3）分析结果。前处理都完成后，就可以进行模拟分析了。根据模型的大小和网格数量，分析的时间长短不一。在分析结束后，可以看到产品成型过程中填充过程、温度场、压力场的变化和分布，以及产品成型后的形状等信息。

3. 分析任务列表

分析任务面板显示开始一个分析所需的基本操作的列表。分析任务面板所包括的图标及其描述见表 5-1。

表 5-1　分析任务面板描述

图　标	名　称	描　述
	模型转换	表示几何模型最初的文件格式
	中性面网格模型	表明网格模型的划分是采用中性面网格的划分方法
	双层面网格模型	表明网格模型的划分是采用表面网格的划分方法
	3D 网格模型	表明网格模型的划分是采用 3D 网格单元的划分方法
	分析序列	显示分析序列，如 Fill，Flow 或 Cool + Flow + Warp
	材料	显示选择的材料，并可以搜索新的材料及查看材料参数
	进浇节点	设置产品上的进浇位置
	水路	设置冷却液的入水参数，并进入水路创建向导
	工艺设置	设置所有与所选分析序列相对应的分析参数
	开始分析	开始分析或打开 MPI 的任务管理器
	结果	列出所有的分析结果，包括屏幕输出信息、结果摘要、分析检查和各个图形结果

5.2.2　常用命令

1. 文件

（1）新建工程。可在设定的保存目录下建立新的工程项目，新建工程项目和已运行工程项目是同级的，可以互相切换处于当前活动状态。

（2）打开工程。打开已存在的工程项目。

（3）关闭工程。将运行的工程项目关闭，但不关闭模流软件。

（4）参数设置。在参数设置中可以设置尺寸单位，有 Metric 和 English 两个选项，设定计量单位为米制或英制。为防止数据丢失，设置系统自动保存文件的时间间隔。设置选中单元和未选中单元的颜色。为便于绘制草图时对准对象，设置建模平面栅格间距，如图 5-4所示。

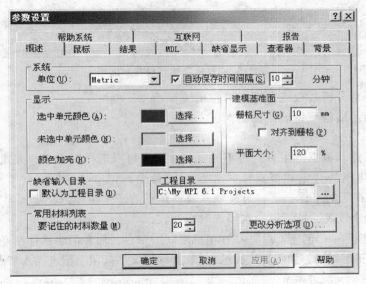

图 5-4　"参数设置"对话框

"鼠标"操作设置，用来定义鼠标的中键、右键，以及鼠标与键盘组合使用能够完成旋转、平移、局部放大、居中、重设、测量、全屏等功能，如图 5-5 所示。

2. 编辑

（1）复制图像到文件。将当前显示的主窗口中的图像另存为其他文件格式。

（2）保存动画到文件。将分析后带有动画效果的当前页以动画形式保存起来。格式有GIF 和 AVI 两种。

（3）属性。显示选中实体的属性。

（4）指定属性。赋予选中实体属性，或改变实体已有的属性类型。

（5）更改属性类型。改变实体已有的属性类型。

（6）删除未使用的属性。删除当前不再使用的属性，可以节约磁盘空间。

3. 视图

（1）工具栏。可以执行将各个工具栏显示在屏幕上或隐藏显示等操作。

（2）工程。显示或隐藏工程项目区。

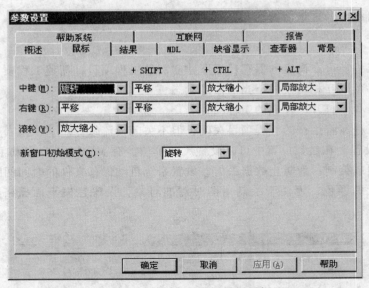

图 5-5　"鼠标"操作设置对话框

（3）注释。对分析过程或分析结果作出注释。

（4）层。显示或隐藏管理层控制面板。

4. 建模

（1）创建节点。根据产生方式的不同，创建节点可以选择以下五种方式：

1）单击"建模"→"创建节点"→"按坐标"命令，弹出"坐标创建节点"对话框，如图 5-6 所示。在指定的坐标系下，直接输入待创建点的三个坐标值。输入坐标值时，数值之间可以是空格、分号或逗号，但一次输入时应一致。

2）单击"建模"→"创建节点"→"在坐标之间"命令，可在两个已存在点之间插入 1 个或数个节点，节点间距相同，如图 5-7 所示，"节点数"文本框用于指定插入节点的个数。

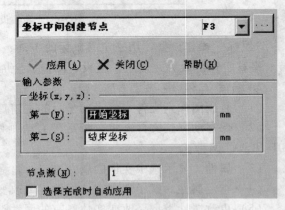

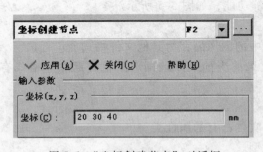

图 5-6　"坐标创建节点"对话框　　　　　　图 5-7　"坐标中间创建节点"对话框

3）单击"建模"→"创建节点"→"平分曲线"命令，可在已知曲线上创建等分点。如图 5-8 所示，"节点数"文本框可指定等分个数；如果选中"在曲线末端创建节点"复选框，可以创建包括曲线两端点在内的点。

4）单击"建模"→"创建节点"→"按偏移"命令，通过已知一个节点、指定偏移值，创建若干新节点，如图 5-9 所示。

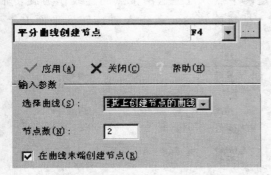

图 5-8　"平分曲线创建节点"对话框

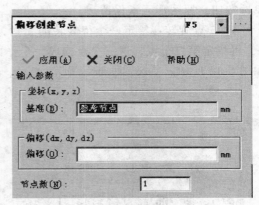

图 5-9　"偏移创建节点"对话框

5）单击"建模"→"创建节点"→"按交叉"命令，选取两条曲线，在其相交处创建一个节点。

（2）创建直线。单击"建模"→"创建曲线"→"直线"命令，连接两个已知点，构造一条线段，如图 5-10 所示。注意，第一个坐标有"绝对"和"相对"两个选项。用鼠标拾取第二点时，不存在绝对坐标和相对坐标问题。

（3）移动/复制。单击"建模"→"移动/复制"命令，弹出如图 5-11 所示的子菜单。

1）平移：平移时，需指定图形元素，并指定平移的方向，如图 5-12 所示。选中"移动"单选按钮，原图形元素消失；选中"复制"单选按钮，原图形元素保留。"数量"文本框用于指定复制的数目。

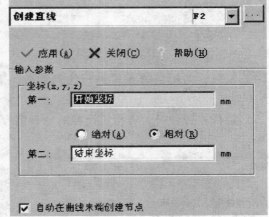

图 5-10　"创建直线"对话框

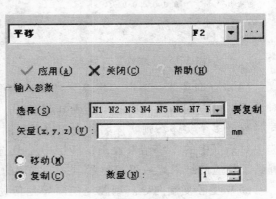

图 5-11　"移动/复制"子菜单　　　　图 5-12　"平移"对话框

2）旋转：旋转时，需指定图形元素，并指定旋转轴和旋转角度，如图 5-13 所示。旋转轴可以选择 X 轴、Y 轴或 Z 轴。选中"移动"单选按钮，原图形元素消失；选中"复制"单选按钮，原图形元素保留。

3）3 点旋转：给定一个待旋转的元素，指定两个点，且把这两个点的连线作为旋转轴 A，再指定第三个点，这三个点构成一个平面 P。把待旋转的元素绕 A 轴旋转到平面 P 上，如图 5-14 所示。

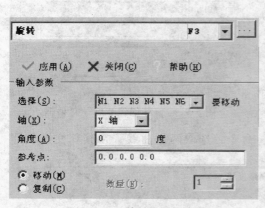

图 5-13　"旋转"对话框

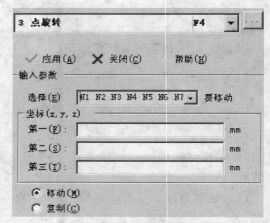

图 5-14　"3 点旋转"对话框

4）缩放：对给定的元素进行比例缩放，需指定缩放比例和缩放的基准点，如图 5-15 所示。

5）镜像：镜像时，需指定镜像对象和镜像平面，如图 5-16 所示。

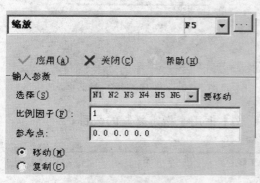

图 5-15　"缩放"对话框

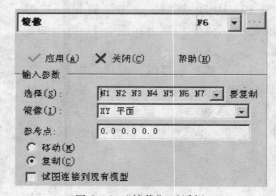

图 5-16　"镜像"对话框

（4）查询实体。单击"建模"→"实体查询"命令，弹出如图 5-17 所示的"查询实体"对话框，可查询网格模型的单元或节点信息，这种查询在网格诊断和纠错时很有用。如需要同时查询多个实体，则实体名称之间以空格间隔。查找到的实体以红色在模型中突出显示。选中对话框中的"将结果置于诊断层中"复选框后，查到的实体会放入诊断层显示。否则查到了相应的结果之后仅仅显示出来，实体的位置并不会发生变化。

（5）型腔复制向导。型腔复制向导是帮助快速创建多型腔模具的工具。在向导中需输入下列参数：型腔数量、行和列的数量、行和列的间距（间距是中心到中心的间距）。

"偏移型腔以对齐浇口"是一个可选的选项，用来对齐产品的浇口，而不是型腔。例如，浇口不在产品的中心线上时，如果没有选中该选项，那么将不会对齐浇口，而是只对齐产品，这样流道之间就会有夹角。

可以使用"预览"按钮来检查型腔的布局是否正确，红色的型腔代表最初的型腔。每个型腔上都有个黄色的点，这个点代表浇口位置，如图 5-18 所示。有时需要先取消型腔复制向导，手工调整最初型腔的对齐方向，使其与红色显示的型腔方向一致。在型腔复制向导中，假设分模面为 XY 平面。

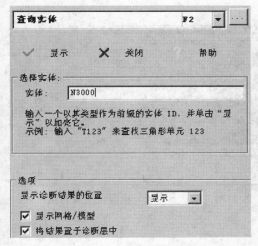

图 5-17 "查询实体"对话框

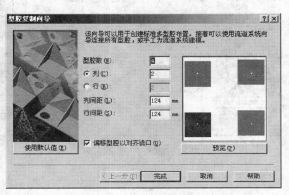

图 5-18 "型腔复制向导"对话框

5.2.3 浇注系统创建

1. 流道系统创建向导

流道系统向导用来创建几何自平衡的带隧道浇口的浇注系统。单击"建模"→"流道系统向导"命令，弹出如图 5-19 所示的对话框；确认主流道位置为模具中心，采用冷流道系统，设定顶部分流道平面 Z 坐标，设定完毕，单击"下一步"按钮，进入下一个操作步骤。

运行向导后，第一个问题是直浇道的位置。默认值是在模具的中心，该位置也可以不在模具的中心，这取决于模具的布局方式。如果直浇道的位置不在模具或浇口的中心，那么可以直接输入其 X，Y 的坐标值。向导会检查进浇标记，并决定浇口的类型。如果浇口在侧面，将会采用侧浇口或潜浇口。如果浇口在产品顶部，将会采用三板模的点浇口，或热流道的针阀式浇口。三板模的下潜流道的中心线将与 Z 轴对齐。

向导将基于模具的浇口类型，推断出以下几种可能：

① 如果是侧浇口，并且流道是冷流道，向导将使用冷流道和冷直浇道。

② 如果是顶部浇口，并且流道是冷流道，将创建三板模式的流道。

③ 如果是顶部浇口，并且流道是热流道，将创建自平衡的热流道，但浇口依然是冷浇口。

接下来的问题是浇口平面的 Z 方向尺寸。这里有三个按钮，顶面、底面和浇口所在平面。如果是侧浇口，可以使用浇口所在平面按钮。顶面和底部将定义浇口平面到产品最大外形尺寸的上表面或下表面。如果浇口平面不在这些位置，用户可以自己定义其在 Z 方向的位置，冷流道将会生成在这个平面上。

　　流道系统设计向导第 2 页对话框如图 5-20 所示，设定主流道注入口直径、拔模角、主流道长度，设定分流道直径，设定竖直分流道底部直径、拔模角。完成设定后，单击"下一步"按钮，进入下一个操作步骤。

　　流道系统设计向导第 3 页对话框如图 5-21 所示，输入浇口的参数，设定浇口始端直径、末端直径、浇口长度。完成浇注系统参数的全部设定，单击"完成"按钮，应用结果如图 5-22 所示。

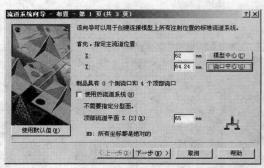

图 5-19　流道系统设计向导第 1 页对话框

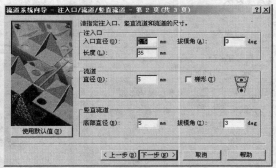

图 5-20　流道系统设计向导第 2 页对话框

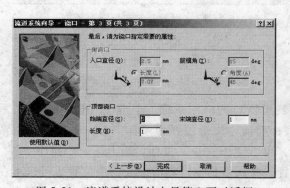

图 5-21　流道系统设计向导第 3 页对话框

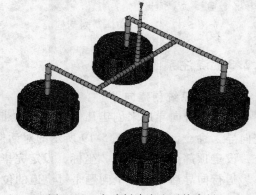

图 5-22　自动创建浇注系统布局

　　如果使用的是侧浇口。开口直径可随意设定，夹角为 0。当夹角为 0 时，浇口将只创建一个属性，这样在后面变更浇口的截面形状就容易些。浇口的长度必须指定为流动长度。当向导创建完浇注系统后，放大浇口位置，选择浇口部分的一个单元，在弹出的右键快捷菜单中选择"属性"命令，即可改变浇口的截面形状及尺寸。

2. 手工创建浇注系统

　　手工创建浇注系统有两种基本的方法：第一种方法是先创建好曲线，然后划分网格；第二种方法是直接创建相应的柱体单元。第一种方法通过指定一个单元的长度来划分所有流道，这样能保证单元长度的一致性。第二种方法需要为每段流道指定单元的数量，根据该段流道的长度来计算单元的数量。这两种方法都可以很好地创建不含拔模角的流道。如果是带拔模角的流道，必须用第一种方法。第一种方法可以同时创建各种截面和尺寸的流道，而第二种方法一次只能创建一种截面形状和尺寸的流道。

（1）浇口设计。浇口形式多种多样，即使是同一类型的浇口也有许多差异，名称也不相同。最常用的浇口类型可分为两大类：手工去除的浇口和自动分离式浇口。

1）手工去除的浇口。手工去除的浇口需要进行二次加工处理，通常由机床操作者来完成，这种浇口中的一些类型使用得十分普遍。它的主要缺点是始终需要一个操作工操作机器去除浇口，增加了制件成本。

① 边缘浇口。边缘浇口是手工去除的浇口中使用最普遍的一类，如图 5-23 所示。这种浇口也有许多不同的形式。边缘浇口的横截面为矩形，位于制件的分型面上。边缘浇口通常从分型面处单侧进浇，但也有双侧进浇的。边缘浇口的横截面可以是直的，也可以呈锥形。浇口尺寸包括浇口厚度、宽度和长度。

浇口厚度方向垂直于分型面，通常小于浇口宽度，其名义尺寸为制件壁厚的 25% ~ 90%。边缘浇口厚度可以同进浇处的制件壁厚相同。浇口越大，越容易对制件进行保压，剪切速率也越低。容易保压可能导致型腔产生过保压。浇口宽度通常为浇口厚度的 2 ~ 4 倍，可以小到同浇口厚度一样窄，大到浇口厚度的 10 倍或更多。浇口长度通常很短，常为 0.25 ~ 3.0mm。制件越小，浇口长度也应该越短。如果边缘浇口有锥度，其锥度应该很小。边缘浇口可设计成在分型面与流道宽度方向或厚度方向相切，也可设计成与流道宽度和厚度两个方向都相切。

边缘浇口通常用矩形截面的柱体（beam）单元来构建，所需要的尺寸是宽度和高度（厚度），因此浇口至少应该由三个单元构成。

② 护耳式浇口。护耳式浇口是一类特殊的浇口，护耳与制件的接触面积很大，如图 5-24 所示。护耳式浇口只有一种可能的变化形式。护耳式浇口的常见形式为：一个常规的侧浇口连在护耳一侧，护耳再同制件相连接。护耳式浇口适用于只能有非常低的应力的制件，如透镜或其他光学元件。浇口区域常伴随有高应力、变色、喷射等缺陷，护耳是防止这些缺陷产生的有效方法。护耳一般做得很大，通常采用机床二次加工去除。与护耳相连的侧浇口在护耳之前冻结，保压时间由侧浇口的冻结时间决定。

护耳可以由柱体单元构建，但是使用三角形单元构建护耳更合适。边缘浇口至少应该由三个柱体单元构成。

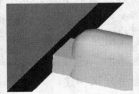  

　　　　　图 5-23　边缘浇口　　　　　　　　　　　　　图 5-24　护耳式浇口

③ 直接浇口。直接浇口通常为冷流道，它直接同制件相连，如图 5-25 所示。直接浇口用于较大的单型腔模具。直接浇口通常被认为是一种不好的浇口设计形式，因为直接浇口的截面比制件的名义壁厚大很多，这将成为影响模塑周期的主要因素，并导致制件产生过保压。直接浇口需要通过机加工去除，浇口去除后会留下一个大而显眼的痕迹。

直接浇口用锥形柱单元构建，通常先生成一条具有正确直径的曲线，形成锥度，再划分网格。

④ 圆形内浇口。圆形内浇口用于圆筒形制品，位于制件的内部，圆形内浇口是天然对称的，如图 5-26 所示。设计圆形内浇口的目的是使进料均匀，在整个圆周上取得相同的流速，不会产生任何熔接痕，同时使制件沿着轴线方向产生很好的取向。

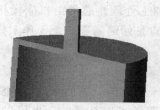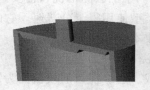

图 5-25　直接浇口　　　　　　　　　　　　图 5-26　圆形内浇口

圆形内浇口主要由三部分组成：入口、分流道和小浇口。入口可以是主流道、热流道或三板式模具所采用的点浇口。分流道为圆柱形，位于入口和小浇口之间，分流道通常较厚。小浇口是分流道和制件之间的狭窄通道，通常很薄。由于小浇口是圆筒壁的环形圆周，所以可以做得很薄，而不会在制件中引起高的剪切速率。薄的小浇口还有助于它的去除。圆形内浇口常常需要用圆形冲头等特定工具经过二次加工来去除，因此用这种浇口的费用较昂贵。

圆形内浇口的入口用柱单元构建，分流道和小浇口用三角形单元构建。为了说明在小浇口中发生的流动迟滞和快速冻结现象，小浇口至少应该有三行单元格。

⑤ 环形浇口。环形浇口的形状为围绕于圆筒制件之外的圆环，如图 5-27 所示。环形浇口的设计目的与圆形内浇口相同，是使制件沿轴向方向的流动前沿速度均匀一致，但环形浇口并非自然平衡。环形浇口由小浇口和环绕制品的环形流道组成。充模时，聚合物熔体先从一点进入环形流道，环绕制品流 180°，待环形流道充满后，再沿着制品向下流。这种浇口存在一个问题，在聚合物熔体充满环形流道之前，环形流道入口处的熔体会先进入小浇口。如果小浇口做得太薄，在环形流道入口处，聚合物熔体会产生迟滞，并可能冻结，从而导致制件不能正确充模。环形流道上可以平均分布 2 ~ 3 个入口点，但要保持均匀一致的流动前沿速度依然很难，同时加工窗口也将变窄。

环形流道采用柱体单元构建，小浇口用三角形单元构建，并至少有三行。

⑥ 扇形浇口。扇形浇口的形状为宽大而对称的侧浇口，如图 5-28 所示。如果侧浇口做得很宽且截面恒定不变，则进入制件的熔体流动前沿将呈辐射状，聚合物熔体集中于浇口的中心流动。扇形浇口中间薄两边厚，能调节熔体，使熔体成平行流均匀地进入型腔。扇形浇口由两部分组成：扇形流道和小浇口。小浇口截面固定，通常又短又薄；扇形流道呈三角形，在分流道端与分流道一样厚。扇形浇口与分流道的截面可以是圆形，也可以是梯形。圆形截面可以用柱单元来构建，如果希望扇形浇口厚度变化缓和一些，则可以用三角形单元来构建。

图 5-27　环形浇口　　　　　　　　　　　　图 5-28　扇形浇口

扇形流道应该用三角形单元来构建，且应很好地划分网格的密度，从而精确地反映流道厚度的变化。小浇口至少需要三行三角形单元。由于扇形浇口应实现流动平衡，所以浇口厚度可能需要变动，以产生所希望的平衡流动前沿。

⑦ 平缝式浇口。平缝式浇口同环形浇口相似，有一个与制件边缘平行的流道，平行流道与制件间由小浇口相连，如图 5-29 所示。平缝式浇口的功能与扇形浇口相同，使熔体流动前沿速度均匀。但这种浇口的缺点也与环形浇口相似，在聚合物熔体充满平行流道之前，熔体可能越过小浇口，在制品中造成辐射状的流动。如果小浇口做得太薄，熔体迟滞现象严重，制件中的熔体会产生回流，形成熔接痕和气穴。在长度方向上，至少需要三个单元网格来构建小浇口。

2）自动分离式浇口。自动分离式浇口是在制件顶出过程中与制件自动分离的浇口。这类浇口使用广泛，因为不需要二次加工来去除浇口，节约了时间和成本。

① 潜伏式浇口。潜伏式浇口常称为隧道式浇口，是使用得最普遍的自动脱离的冷浇口。浇口呈圆锥形，与制件相接的孔径是最关键的尺寸，这是制品的起始部位。浇口的锥度及其与分型面的夹角也是很重要的几何尺寸，如图 5-30 所示。

图 5-29　平缝式浇口

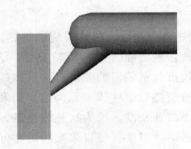

图 5-30　潜伏式浇口

浇口末端的孔径通常为与之相连的制件壁厚的 50% ~ 75%，也可以比制件壁厚更大。孔径越大，所留下的浇口痕迹也越大。如果孔径太大，开模时甚至会撕裂制品。浇口的锥度常为 10°左右，也可以更小，但通常锥度都大于 10°。在大多数情况下，潜伏式浇口的尺寸由浇口末端的孔径决定，然后逐渐放大直至与流道相连，这时浇口的锥角通常很大。浇口与分型面的角度在 30° ~ 60°之间，材料越硬，为使聚合物材料在顶出时发生变形而不断裂，此角度也应该越大。

至少需要三个单元网格来定义潜伏式浇口，因为浇口是锥形的，单元格越多，对浇口冻结时间的预测将越精确。

② 弯曲式隧道浇口。弯曲式隧道浇口是潜伏式浇口的一种变形，与制件相连的小浇口位于制品的底部，浇口痕迹可得到更好的掩饰，如图 5-31 所示。弯曲式隧道浇口常做成两件嵌件的形式，加工较为困难。如果要排出卡在浇口中的聚合物材料，而又不取出浇口嵌件，往往十分困难。由于浇口区的聚合物材料在顶出时要产生相当大的变形，故这种浇口不能应用于脆性材料。浇口与制品分离时受到拉伸力的作用，为避免产生意外，小浇口必须做得很小。由于小浇口很小，这一区域的剪切速率很高，所以最少要用三个单元格来定义

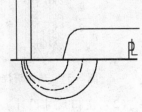

图 5-31　弯曲式隧道浇口

这种浇口。

③ 点浇口。点浇口用于三板式模具中，由平行流道（平行于分型面）、垂直流道（垂直于分型面）和小浇口组成，如图 5-32 所示。平行流道位于二次分型面上，垂直流道穿过流道板，在其末端是小浇口。小浇口的孔径很小、锥度很大，通常小浇口由小端孔到垂直流道末端渐变而成。像弯曲式隧道浇口一样，开模时浇口受到拉伸力而断裂。为了光洁断面和减小可见疤痕，即使会造成很大的剪切速率，小浇口的孔径依然应该做得很小。

点浇口用柱体单元来构建，小浇口至少应该有三个单元格，垂直流道所需的单元格更多。

图 5-32　点浇口

④ 热流道浇口。热流道浇口是热流道系统的一部分，聚合物熔体由热流道从多歧管流道系统输送到型腔，如图 5-33 所示。浇口孔形状各异，主要为圆形和环形。浇口可以是平直的，也可以是锥形的。浇口的具体结构应从热流道供应商处获得。

热流道浇口由柱体单元构建。如果对浇口冻结的预测至关重要，则至少要用三个单元格来构建浇口孔长度。因为这是热流道，所以构建加热元件的柱体单元的温度可以设定，其默认温度是熔体温度，浇口末端的温度可能比熔体温度低，甚至可能接近于熔体的转变温度或顶出温度。这时，浇口的温度可以根据需要设定。

⑤ 阀式浇口。阀式浇口是热流道浇口的一种特殊形式，控制探针被安置于流道内，起到准确开闭浇口的作用。热流道通常为环形，也可以是圆形。阀式浇口的控制器同制件之前的最后一个单元格相连接，如图 5-34 所示。

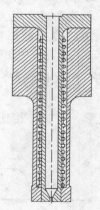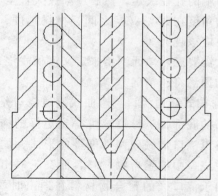

图 5-33　热流道浇口　　　　　　图 5-34　阀式浇口

（2）浇口尺寸设计。当确定浇口尺寸时，必须考虑剪切速率、制品的名义壁厚和浇口类型。从流动分析的角度看，剪切速率是最重要的。在材料数据库中，推荐成型工艺条件

（Recommended Processing）选项卡列出了每一种材料的剪切速率上限。通常剪切速率的上限值在 30,000/s ~ 60,000/s 之间，聚丙烯较高，为 100,000/s。通常希望保持低的浇口剪切速率，甚至大大低于材料的剪切速率上限。

添加剂比聚合物本身对高剪切速率更敏感，因此如果聚合物体系含有添加剂，则剪切速率变得更重要。玻璃和云母等填料、稳定剂和着色剂均对剪切速率敏感。如有可能，含有添加剂的聚合物体系的剪切速率值保持在 20,000/s 以下为好。

边缘浇口可以通过增加厚度，甚至增加宽度的方法来实现低剪切速率。而对于潜伏式浇口和热流道浇口，通过修改浇口来获得低剪切速率要困难得多，但如果可行，应尽量加大浇口。

（3）分流道设计。设计分流道时，主要需要考虑三个属性：分流道布局、分流道横截面形状和流道尺寸。

1）分流道布局。分流道布局形式很多，最主要的有以下三种：

① 串联流道（标准型）。串联排布的分流道型腔可分为两排，主流道位于中心，型腔数通常为 4 的倍数。这种流道系统不是自然平衡的，因为主流道与各型腔之间的流道长度不相同。图 5-35 所示为串联排布的分流道布局，型腔可分为内、外两组，各有 4 个。如果不对流道进行平衡处理，这两组型腔不会同时充模。修改流道直径可以平衡流道，与靠近主流道的型腔相连的分流道直径应做得比远离主流道的分流道直径小。流道平衡分析可用来确定分流道尺寸。

② 对称排布流道（H 形流道）。对称排布流道习惯上称为自然平衡式流道，因为主流道到每一个型腔的分流道长度都相同。平衡式流道的型腔数为 2 的指数。平衡式流道被认为是最佳的，因为与串联流道（即使经过平衡处理）相比，它有一个更宽广的成型窗口。这种流道的缺点是分流道体积大，型腔间需要更多空间来放置分流道，如图 5-36 所示。

③ 环形流道。对于环形流道，型腔放置在以主流道为中心的圆周上，分流道位于主流道和型腔之间，如图 5-37 所示。

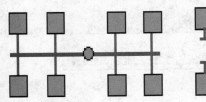

图 5-35　串联流道设计

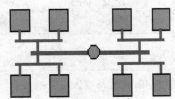

图 5-36　平衡式流道

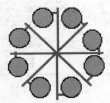

图 5-37　环形流道

2）分流道截面形状。分流道可以加工成圆形、半圆形、U 形、梯形和矩形等不同的截面形状。圆形流道是最好的流道形式，但由于它需要在动、定模上进行加工，故加工费用高，且加工位置精度要求高。

5.2.4　冷却系统创建

1. 冷却回路向导创建冷却系统

在排布水路前应查看型腔的布局，防止水路和其他零部件干涉。水路排布向导只能排布于 XY 平面上，如果方向不对，要先旋转模型。单击"建模"→"冷却回路向导"命令，弹出冷却回路向导第 1 页对话框，如图 5-38 所示。在该对话框中指定水管的直径，指定水管与制品间距离，确定水管与制品排列方式。单击"下一步"按钮，进入冷却回路向导第 2 页对话框，进行冷却管道参数设计，如图 5-39 所示。确定冷却管道数量、管道中心之间的间距、制品之外距离；选中"首先删除现有回路"选项会保留以前创建的水路，不选中此选项则删除以前创建的水路；选中"使用软管连接管道"选项会用软管将水路末端连接起来，用于串联水路。单击"完成"按钮，完成冷却回路的创建。

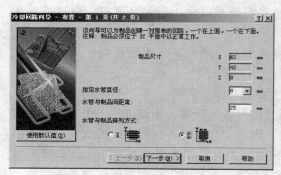

图 5-38　冷却回路向导第 1 页对话框

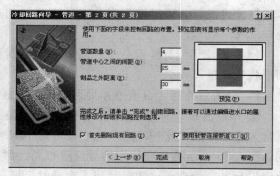

图 5-39　冷却回路向导第 2 页对话框

　　利用"冷却回路向导"创建的水路会将母模侧和公模侧水路分别放入不同的水路层中，方便以后编辑。冷却管道创建后，可以对管道属性进行检查及修改。选中某管道柱体网格，可查看其属性。

　　冷却回路向导自动创建出冷却液入口。可以通过冷却液的属性来检查与修改冷却液入口参数。选择冷却液入口，单击鼠标右键，弹出如图 5-40 所示的"冷却液入口"。

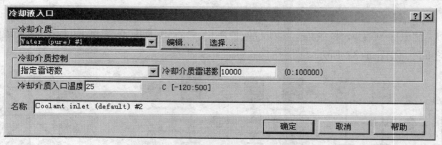

图 5-40　"冷却液入口"对话框

　　系统默认冷却液为纯水（Water pure），冷却液控制采用雷诺数控制，雷诺数值设定为 10000，冷却介质入口温度 25℃，可根据需要进行修改，完成冷却液入口参数的设定。

2. 隔水板水路

　　隔水板由两条曲线产生，这些曲线代表折流管的长度。每条曲线的一端连接到冷却管道。曲线的另一个端点代表盲孔顶端。代表盲孔顶端的端点与孔顶的距离为孔道直径的一半。产生曲线最简单的方法是先产生一个，然后复制产生第 2 条曲线。第 1 条曲线代表向上流动而第 2 条代表向下流动。"隔水板"模型如图 5-41 所示。

　　需要设置的隔水板属性是直径和模具材料。直径属性指隔水板盲孔的直径。图 5-42 所示为隔水板参数设置对话框，隔水板有一个默认颜色（黄色）。

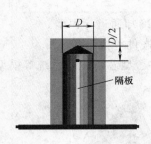

图 5-41　"隔水板"模型

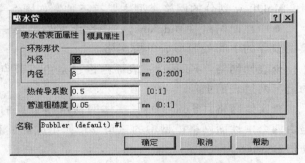

图 5-42　隔水板参数设置对话框

3. 喷水管水路

喷水管模型如图 5-43 所示。与隔水板类似，喷水管也由两条曲线产生，并且喷水管的顶到钻孔的距离为直径的一半。第 1 条曲线代表送水管。它有管道属性，其直径是送水管的内径。第 2 条曲线具有喷水管属性，包括外径和内径。外径是钻孔的直径，内径是送水管的外径。喷水管默认的颜色是橙色。喷水管参数设置对话框如图 5-44 所示。

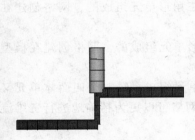

图 5-43　喷水管模型

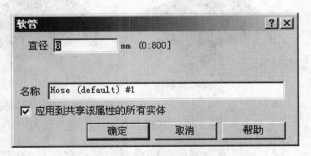

图 5-44　喷水管参数设置对话框

4. 软管

软管是一个圆管道，它唯一的属性是直径，即软管的内径。软管的默认颜色是灰色，软管模型及其参数设置对话框如图 5-45、图 5-46 所示。

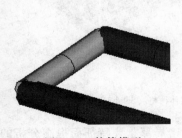

图 5-45　软管模型

图 5-46　软管参数设置对话框

5.2.5　网格

（1）生成网格。即生成模型的网格，浇注系统的一维单元和流道的一维单元，或对已划分网格的产品进行再次划分。

在 Moldflow 中有三种主要的单元模型，如图 5-47 所示。

◆柱体单元（Beam）：两节点单元，一般用于浇注系统、冷却通道等模型。

◆三角形单元（Triangle）：三节点单元，一般用于部件、嵌件等模型。

◆四面体单元（Tetrahedral）：四节点单元，一般用于部件、型芯、浇注系统等模型。

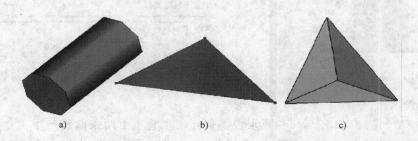

a)　　　　　　　　　　b)　　　　　　　　　　c)

图 5-47　Moldflow 中的三种单元模型

a）柱体单元　b）三角形单元　c）四面体单元

Moldflow 划分的网格类型主要有三种，如图 5-48 所示。

◆中性面网格（Midplane）：中性面网格是由三节点的三角形单元组成的，网格创建在模型壁厚的中间处而形成单层网格。

◆表面网格（Fusion）：表面网格也是由三节点的三角形单元组成的，网格创建在模型的上下两层表面上。

◆实体网格（Solid 3D）：实体网格由四节点的四面体单元组成，每一个四面体单元又是由四个中性面网格模型中的三角形单元组成的。利用 3D 网格可以更为精确地进行三维流动仿真。

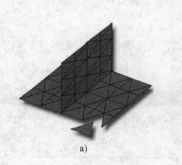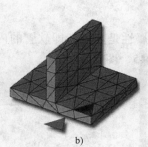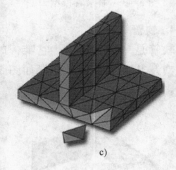

a)　　　　　　　　　　b)　　　　　　　　　　c)

图 5-48　网格类型

a）中性面网格（Midplane）　b）表面网格（Fusion）　c）实体网格（Solid 3D）

（2）定义网格密度。即重新定义局部网格的密度，用于加密局部重要特征而提高分析的精度，或加疏平滑区域的网格而减少网格的数量，节约分析时间。

（3）全部定向。对修补后的网格模型进行定向诊断，若发现有区域定向不一致时，单击"网格"→"全部定向"命令，可以将网格取向一致。

（4）显示诊断结果。使"显示诊断结果"按钮处于"压下"状态，则当前诊断结果显示在窗口中；取消"压下"状态则关闭当前诊断结果。

5.2.6　网格处理工具

1. 合并节点

观察图 5-49 所示的网格模型，该处网格不在同一平面内，存在窄长形网格，可以消除该网格。采用合并节点命令可实现该目的。在该窄小网格上指定目标节点及待合并的节点，即完成合并。合并节点操作及合并效果如图 5-49、图 5-50 所示。

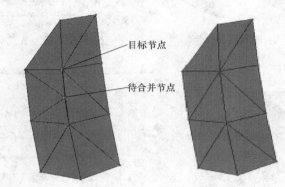

图 5-49　合并节点操作　　　　　　　　图 5-50　合并节点效果

2. 交换边

观察图 5-51 所示的网格模型，相邻两网格公共边位置设定不佳，导致大的纵横比，可以采用交换边命令来修改公共的位置。在该命令操作窗口中，分别指定两共边网格，执行命令实现纵横比的修复。交换边操作及效果如图 5-52、图 5-53 所示。

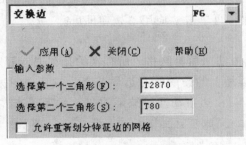

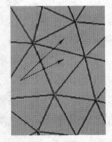

图 5-51　交换前网格　　　　　图 5-52　交换边操作　　　　　图 5-53　交换后网格

3. 插入节点

观察图 5-54 所示的左侧网格模型，修复网格时为避免网格过大、渲染处网格边界保持不变，可以采用插入节点命令修复大纵横比网格。图 5-55 所示为插入节点对话框，在该对话框中，指定两相邻节点，则在中点处创建出新节点及对应网格单元。在操作过程中，再通过合并节点来实现纵横比修复，如图 5-54 右侧图所示。图 5-56 所示为合并节点后的效果。

4. 移动节点

观察图 5-57 所示的网格模型，由于某节点的位置不佳，导致纵横比过大，可以通过移动节点来调整该节点的位置。图 5-58 所示为移动节点对话框，在该对话框中，可以通过直接拖动鼠标来指定，也可以通过指定目标点的绝对坐标或相对坐标的方法来操作。图 5-59 所示为拖动放置目标位置点后的结果。

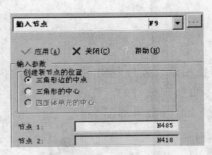

图 5-54　插入节点操作结果　　　　　图 5-55　插入节点对话框　　　　图 5-56　合并节点后的效果

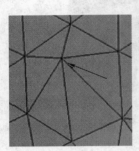

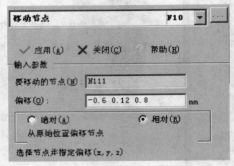

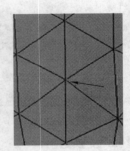

图 5-57　节点移动前　　　　　　图 5-58　移动节点对话框　　　　　图 5-59　节点移动后

5. 单元取向

单元取向功能可以将查找出来定向不正确的单元重新定向，但不适用于 3D 类型的网格。"单元定向"对话框如图 5-60 所示。操作时，先选择定向存在问题的单元，然后选中对话框中的"反向"单选按钮，再单击"应用"按钮即可。

6. 填充孔

即使用创建三角形单元的方法来填补网格上所存在的孔洞或者缝隙缺陷。"填充孔"对话框如图 5-61 所示，先选择模型上的孔的所有边界节点，或者选中边界上一个节点后，单击"搜索"按钮，系统会沿着自由边自动搜寻缺陷边界，然后单击"应用"按钮，系统会自动在该位置生成三角形单元，完成修补工作。

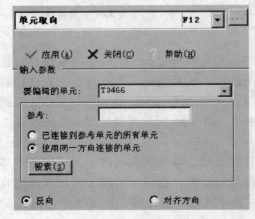

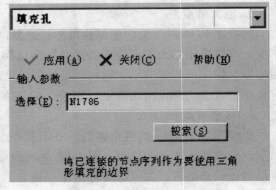

图 5-60　"单元取向"对话框　　　　　　图 5-61　"填充孔"对话框

7. 重新划分网格

重新划分网格功能可以对已经划分好网格的模型在某一区域根据给定的目标网格大小，重新进行网格划分。此功能可以用来在形状复杂的区域进行网格局部加密，在形状简单的区域进行网格局部稀疏。操作时，在对话框中先选出需进行网格重新划分的区域，然后在"目标边长度"文本框中输入网格目标值，如图 5-62 所示，最后单击"应用"按钮。

8. 清除节点

清除节点功能可以清除网格中与其他单元没有联系的节点。在修补网格基本完成后，使用该功能清除多余节点。

5.2.7　网格缺陷诊断

1. 纵横比诊断

纵横比是指三角形单元的最长边与该边上的三角形的高的比值，如图 5-63 所示。

由图 5-63 中的等式可以看出，R 的值越大，三角形越趋于扁长。当 R 的值无限大时，三角形的另两边合并于第三边。当三条边近似于落到一条直线上时，也就是在修补网格的过程中经常遇到的零面积三角形。一般情况下，要求三角形单元的纵横比要小于 6，这样才能保证分析结果的精确性。有些情况下并不能满足所有的网格单元的纵横比都达到这个要求，因此要在保证网格平均纵横比小于 6 的前提下，尽量降低网格的最大纵横比。

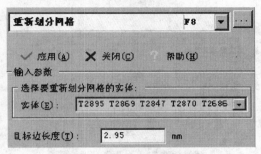

图 5-62　"重新划分网格"对话框

单击"网格"→"网格诊断"→"纵横比诊断"命令，弹出"纵横比诊断"对话框。设定纵横比显示区间，确定最小纵横比数值为 6，最大不具体设定，默认值为无穷大，如图 5-64所示。设定参数后进行诊断显示，诊断结果如图 5-65 所示。在诊断结果中可以观察纵横比大于 6 的网格。

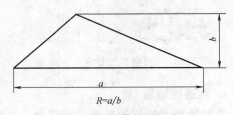

$R=a/b$

图 5-63　纵横比的概念

2. 重叠单元诊断

划分网格时，可能出现网格的重叠，而分析时，网格中不应有交叉或重叠的三角形单元存在，即重叠单元数应为 0。单击"网格"→"网格诊断"→"重叠单元诊断"命令，系统弹出"重叠单元诊断"对话框。为了便于观察，选中"将结果置于诊断层中"选项，再单击"显示"按钮，如图 5-66 所示。

3. 配向诊断

网格划分时会出现配向不一致的现象。单击"网格"→"网格诊断"→"配向诊断"命令，弹出"配向诊断"对话框，如图 5-67 所示。通过诊断可发现配向不一致的情况，以红、蓝两色进行区分。

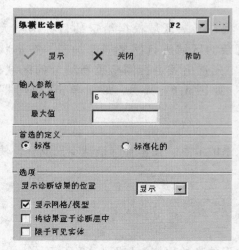

图 5-64　"纵横比诊断"对话框

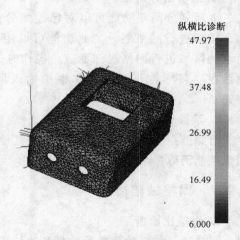

图 5-65　纵横比诊断结果

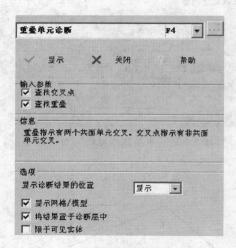

图 5-66　"重叠单元诊断"对话框

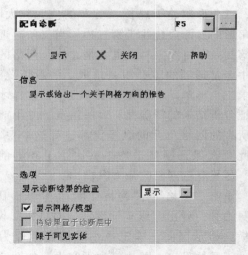

图 5-67　"配向诊断"对话框

4. 连通性诊断

为判断模型的连通情况，需进行连通性诊断。单击"网格"→"网格诊断"→"连通性诊断"命令，弹出"连通性诊断"对话框，如图 5-68 所示。

诊断时，任意指定一个单元，选中"将结果置于诊断层中"选项，单击"显示"按钮。连通与否以红、蓝两色进行区分，连通的单元显示为蓝色，不连通的单元显示为红色。未创建冷却水路时，连通性的值应为 1。诊断结果的显示与否，可以通过"网格"→"显示诊断结果"命令进行控制。

5. 自由边诊断

在表面网格（Fusion）中，不允许存在自由边。单击"网格"→"网格诊断"→"自由边诊断"命令，弹出"自由边诊断"对话框，如图 5-69 所示。确认寻找非复体边，为便于进行诊断结果的观察，将诊断结果放置在诊断层，选中相关选项，单击"显示"按钮。为了便于观察，可关闭其他层显示，而诊断结果层处于激活状态，可以方便观察诊断结果的位置及相关网格单元。

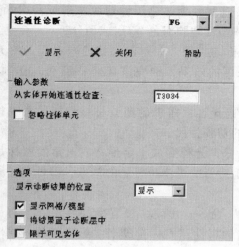

图 5-68　"连通性诊断"对话框

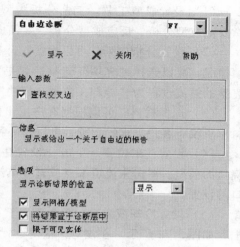

图 5-69　"自由边诊断"对话框

6. 厚度诊断

单击"网格"→"网格诊断"→"厚度诊断"命令，弹出如图 5-70 所示的对话框。在该对话框中设定诊断厚度区间，选取默认值最小为 0、最大为 1000，选中"将结果置于诊断层中"选项，单击"显示"按钮，模型厚度诊断结果会以不同的颜色显示各区域的厚度情况，且诊断结果会自动放置于"诊断结果"层中。

7. 零面积单元诊断

用于诊断小面积（即零面积）三角形单元。单击"网格"→"网格诊断"→"零面积单元诊断"命令，弹出"零面积单元诊断"对话框，如图 5-71 所示。输入参数有"查找以下边长"和"相等的面积"，选中"将结果置于诊断层中"选项，再单击"显示"按钮，此时窗口中的模型会以不同的颜色显示小于设定边长的小单元，且诊断结果会自动放置于图层面板中的"诊断结果"层中。

图 5-70　"厚度诊断"对话框

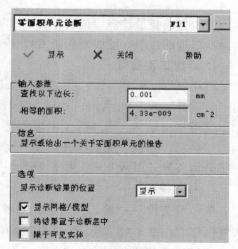

图 5-71　"零面积单元诊断"对话框

5.2.8 分析

（1）设置成型工艺。工艺分析类型包括共射出成型分析、热塑性塑胶注射成型分析、微发泡成型分析、反应成型分析、气辅成型分析、热塑性塑胶双色/双射成型分析。

（2）设置分析序列。可以根据实际需要选择分析的类型，如果需要快速查看产品的充填情况，可以选择"充填"选项；如果需要查看保压的效果，则应该选择"流动"选项。完整的模流过程为"冷却＋流动＋翘曲"分析。

（3）选择材料。可以根据客户给出的材料信息选择客户需求的塑胶材料。如果系统材料库里没有客户需求的塑胶，可以用一种性能相近的塑胶替代。

（4）设置注射位置。单击"设置注射位置"命令，光标变成十字形，右上角的图标是浇口的模型。单击主流道端点或直接单击产品模型上适合的进浇位置处的节点，即可完成浇口的设置。

（5）设置冷却液入口。单击"设置冷却液入口"命令，出现"设置冷却液入口"对话框，如图 5-72 所示。在该对话框内设置冷却液入口的属性，光标变成十字形，再单击属性相同的冷却管道的进水口。

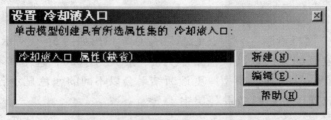

图 5-72　"设置冷却液入口"对话框

5.3　任务实施

5.3.1　基本训练——接线盒面板浇口位置分析

接线盒面板最佳浇口位置分析，即从建立分析工程开始，介绍模型前处理、分析求解、结果后处理的过程。接线盒面板 CAD 模型如图 5-73 所示。

1. 新建工程项目

启动 MPI，单击"文件"→"新建工程"命令，系统弹出"创建新工程"对话框，如图 5-74 所示。在"工程名称"文本框中输入"面板"，指定创建位置的文件路径，单击"确定"按钮，完成项目创建。此时在工程管理视窗中将显示名为"面板"的工程，如图 5-75 所示。

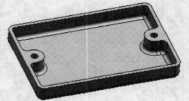

图 5-73　接线盒面板 CAD 模型

2. 导入模型

单击"文件"→"输入"命令，或者单击工具栏中的"输入模型"按钮，弹出模型输入对话框。在图 5-76 所示的"文件类型"下拉列表框中，选择文件类型为"Stereolithograpy（*.stl）"，选择文件名"jiexianhemianban.stl"，单击"打开"按钮，系统弹出如图 5-77 所

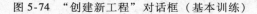

图 5-74 "创建新工程"对话框（基本训练）

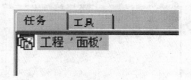

图 5-75 工程管理视窗（一）

示的"输入"对话框。此时选择网格划分类型"Fusion"，即表面网格，设置尺寸单位为"毫米"，单击"确定"按钮，接线盒面板模型被导入，如图 5-78 所示。此时工程管理视窗如图 5-79 所示。方案任务视窗中则列出了默认的分析任务和初始设置，如图 5-80 所示。

图 5-76 模型导入对话框（基本训练）

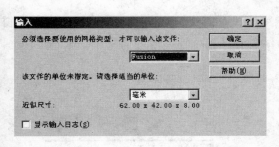

图 5-77 "输入"对话框（基本训练）

图 5-78 接线盒面板模型

3. 生成有限元网格

网格划分是模型前处理中的一个重要环节，网格质量的好坏直接影响程序是否能够正常执行和分析结果的精度。

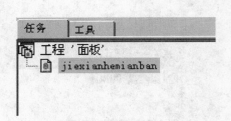

图 5-79　工程管理视窗（二）

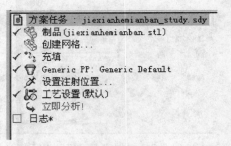

图 5-80　方案任务视窗（基本训练）

单击"网格"→"生成网格"命令，或者双击方案任务视窗中的"创建网格"按钮，工程管理视窗中的"工具"选项卡中将显示"生成网格"定义信息。设定"全局网格边长"为 2.15mm（网格的边长一般取产品最小壁厚的 1.5～2 倍），其他选项采用默认值，如图 5-81 所示。单击"立即划分网格"按钮，系统将自动对模型进行网格划分和匹配。网格划分信息可以在模型显示区域下方的"网格日志"中查看，如图 5-82 所示。

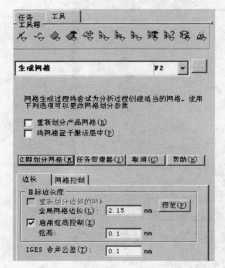

图 5-81　"生成网格"定义信息（基本训练）

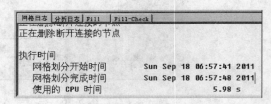

图 5-82　网格日志（基本训练）

网格划分完毕后，可以看到如图 5-83 所示的接线盒面板网格模型。此时在层管理视窗新增加了三角形单元层和节点层，如图 5-84 所示。

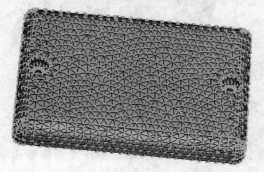

图 5-83　网格模型（基本训练）

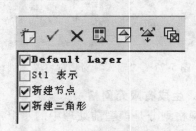

图 5-84　层管理视窗（基本训练）

如果对网格划分结果不满意，可以对现有网格模型重新划分网格。可以单击"编辑"→"撤销"命令，也可以在生成网格窗口选中"重新划分产品网格"，然后再进行生成网格操作，可以对当前激活的网格模型重新进行网格划分。

4. 网格统计与诊断修复

网格检验与修补的目的是为了检验出模型中存在的不合理网格，将其修改成合理网格，便于 Moldflow 顺利求解。

单击"网格"→"网格统计"命令，系统弹出如图 5-85 所示的"网格统计"对话框。"网格统计"对话框显示模型的纵横比范围为 1.164 ~ 21.754，最大值低于 40；匹配率达到 86.9%，大于 80%；重叠单元个数为 0；连通区域为 1；自由边为 0。因此，自动划分的模型网格匹配率较高，达到了计算要求。

5. 选择分析类型

Moldflow 提供的分析类型有多种，但作为产品的初步成型分析，首先的分析类型为"浇口位置"，其目的是根据"最佳浇口位置"的分析结果设定浇口位置，避免了由于浇口位置设置不当引起的不合理成型。用鼠标双击方案任务视窗中的"充填"按钮，或者单击"分析"→"设定分析序列"命令，系统弹出如图 5-86 所示的"选择分析顺序"对话框。选择该对话框中的"浇口位置"，再单击"确定"按钮，此时方案任务视窗中的"充填"变为"浇口位置"。

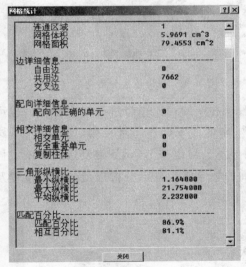

图 5-85　"网格统计"对话框（基本训练）

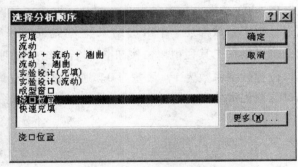

图 5-86　"选择分析顺序"对话框（基本训练）

6. 定义成型材料

接线盒面板的成型材料使用默认的 PP 材料。在方案任务视窗中的"材料"栏显示 ✓ ▽ 材料：Generic PP：Generic Default。

7. 浇口优化分析

浇口优化分析时，不需要事先设置浇口位置，成型工艺条件采用默认。用鼠标双击方案任务视窗中的"立即分析"，系统弹出如图 5-87 所示的信息提示对话框；单击"确定"按钮，开始分析。当屏幕中弹出分析完成对话框时，单击"确定"按钮，表面分析结束。方案任务视窗中将显示分析结果，如图 5-88 所示。

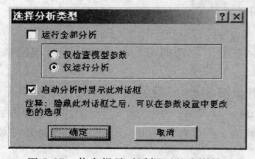

图 5-87　信息提示对话框（基本训练）

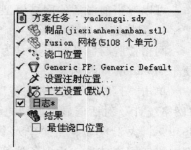

图 5-88　分析结果（基本训练）

分析日志窗口中的 Gate 信息的最后部分给出了最佳浇口位置结果，如图 5-89 所示，最佳位置出现在 N217 节点附近。选中图 5-88 所示的"最佳浇口位置"复选框，模型显示区域将给出浇口位置分析结果，如图 5-90 所示。

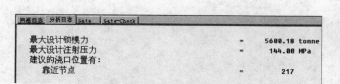

图 5-89　结果概要（基本训练）

图 5-90　浇口位置分析结果（基本训练）

图 5-90 是浇口位置优劣分布图示，可以通过图示右端的对比色带进行对比分析，也可以通过数字系数描述。单击"结果"→"查询结果"命令，可进行结果查询，如图 5-91 所示；也可以在工具栏中单击按钮。若多结果同时显示，可以按 < Ctrl > 键复选。图中最佳浇口位置数字系数为 1，最差为 0。通过观察所查询的数字系数，可分析出最佳浇口位置及浇口位置优劣分布。图 5-92 所示是查询结果示意图。

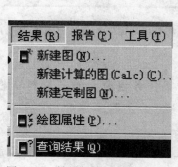

图 5-91　结果查询（基本训练）

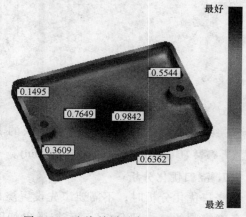

图 5-92　查询结果示意图（基本训练）

5.3.2　综合训练——接插件冷却 + 流动 + 翘曲分析

本项训练通过对接插件模型进行网格划分及诊断修复，进行型腔布局及浇注系统设计，进行冷却 + 流动 + 翘曲分析相关工艺参数及约束条件设定，并对分析结果进行解析。接插件产品模型如图 5-93 所示。

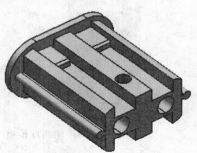

图 5-93　接插件产品模型

1. 新建工程项目

启动 MPI，单击"文件"→"新建工程"命令，系统弹出"创建新工程"对话框，如图 5-94 所示。在"工程名称"文本框中输入"接插件"，指定创建位置的文件路径，单击"确定"按钮，完成项目创建。此时在工程管理视窗中将显示名为"接插件"的工程，如图 5-95 所示。

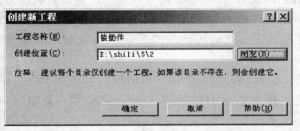

图 5-94　"创建新工程"对话框（综合训练）

图 5-95　工程管理视窗（三）

2. 导入模型

单击"文件"→"输入"命令，或者单击工具栏中的"输入模型"按钮，弹出模型输入对话框，如图 5-96 所示。在图 5-96 所示的对话框中选择文件"jiechajian. igs"，单击"打开"按钮，系统弹出如图 5-97 所示的"输入"对话框，此时选择网格划分类型"Fusion"，即表面网格，单击"确定"按钮，接插件模型被导入，如图 5-98 所示。此时工程管理视窗出现"接插件"工程，如图 5-99 所示。

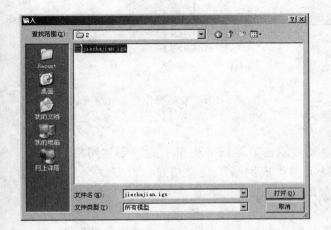

图 5-96　模型输入对话框（综合训练）

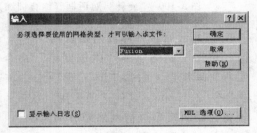

图 5-97　"输入"对话框（综合训练）

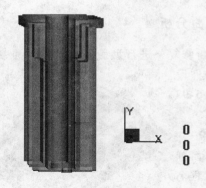

图 5-98　接插件模型

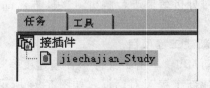

图 5-99　工程管理视窗 (四)

3. 旋转产品模型

完成导入操作, 此时窗口中会显示刚刚导入的产品模型, 所导入的产品模型的锁模力方向与坐标系的 X 轴的正方向同向。为了不影响锁模力效果预测的准确性, 通常需要使产品模型的锁模力方向与坐标系的 Z 轴的正方向同向, 此时可使用 "旋转" 命令对产品模型进行旋转操作。

单击 "建模"→"移动复制"→"旋转" 命令, 弹出 "旋转" 对话框, 如图 5-100 所示。按住鼠标左键不放, 选中导入的产品模型, 将对话框中的旋转 "轴" 设置为 "Y 轴", 在 "角度" 文本框中输入 "90", "参考点" 文本框使用默认值, 表示旋转中心为坐标系的原点。单击 "应用" 按钮, 完成旋转操作, 结果如图 5-101 所示。

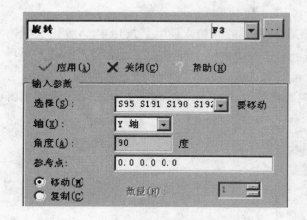

图 5-100　"旋转" 对话框 (综合训练)

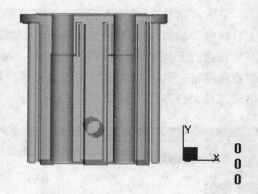

图 5-101　旋转操作结果 (综合训练)

4. 划分网格并修复网格缺陷

单击 "网格"→"生成网格" 命令, 或者双击方案任务视窗中的 "创建网格" 按钮, 工程管理视窗中的 "工具" 选项卡中将显示 "生成网格" 定义信息。设定 "全局网格边长" 为 2.12mm, 其他选项采用默认值, 如图 5-102 所示。单击 "立即划分网格" 按钮, 系统将自动对模型进行网格划分和匹配。

单击 "网格"→"网格统计" 命令, 系统弹出如图 5-103 所示的 "网格统计" 对话框。"网格统计" 对话框显示模型的最大纵横比为 20.365。

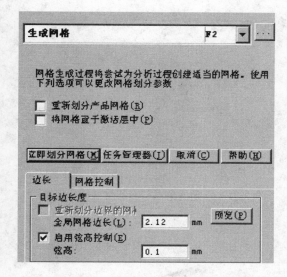

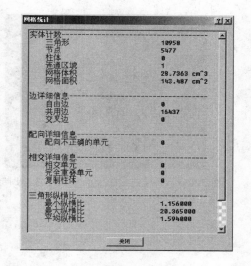

图 5-102　"生成网格"对话框（综合训练）　　　　图 5-103　"网格统计"对话框（综合训练）

单击"网格"→"网格诊断"→"纵横比诊断"命令，弹出"纵横比诊断"对话框，如图 5-104 所示。选中"将结果置于诊断层中"选项，单击"显示"按钮，诊断显示效果如图 5-105 所示。

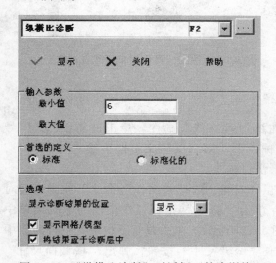

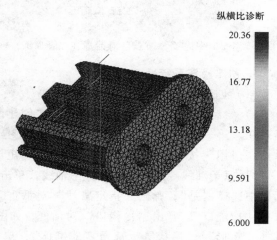

图 5-104　"纵横比诊断"对话框（综合训练）　　　图 5-105　诊断显示效果（综合训练）

单击"诊断导航器"中的"找到下一个诊断"按钮 ▷，显示一个纵横比比较大的单元，如图 5-106 所示。单击"网格"→"网格工具"→"节点工具"→"插入节点"命令，弹出"插入节点"对话框，如图 5-107 所示。选择节点 1 和节点 2，单击"应用"按钮；按 <F5> 键，出现"合并节点"对话框，如图 5-108 所示。选择插入的节点和节点 3，单击"应用"按钮，纵横比由原来的 20.36 变为 12.97，如图 5-109 所示。同理，按照上述方法操作，采用交换边、移动节点方式减小纵横比，直至纵横比诊断条消失，使最大纵横比小于 6。

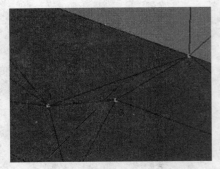

图 5-106　纵横比比较大的单元（综合训练）

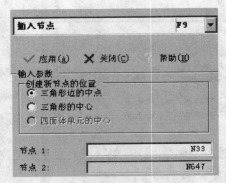

图 5-107　"插入节点"对话框（综合训练）

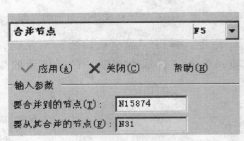

图 5-108　"合并节点"对话框（综合训练）

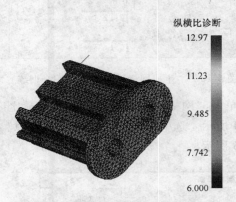

图 5-109　纵横比减小效果（综合训练）

5. 创建浇注系统

（1）创建浇口。

1）绘制矩形浇口。单击"建模"→"创建曲线"→"直线"命令，单击进浇点，其序号出现在"第一点"文本框中，选择"相对"坐标，在"第二点"文本框里输入（0－50），单击"应用"按钮，得到如图 5-110 所示的矩形浇口轴线。

2）赋予轴线冷浇口属性。选中轴线，单击鼠标右键，选择"属性"命令，在弹出的对话框中选择"是"，弹出"指定属性"对话框。单击"新建"按钮，在出现的下拉菜单中选择"冷浇口"，弹出"冷浇口"对话框，如图 5-111 所示。在"截面形状是"下拉列表中选择"矩形"，"形状是"选择"非锥体"，单击"编辑尺寸"按钮，弹出"横截面尺寸"

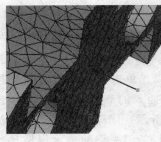

图 5-110　矩形浇口
轴线（综合训练）

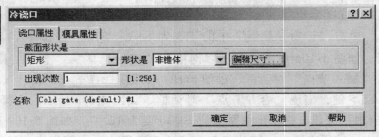

图 5-111　"冷浇口"对话框
（综合训练）

对话框，如图5-112所示。在该对话框的"宽度"文本框中输入3mm，"高度"文本框中输入2mm，单击每一个编辑对话框的"确定"按钮。

3）划分浇口杆单元。单击"划分网格"按钮，在"全局网格边长"文本框中输入1mm，单击"立即划分网格"按钮，创建的矩形浇口杆单元如图5-113所示。

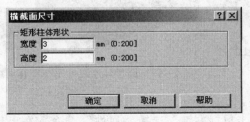

图5-112 "横截面尺寸"对话框（综合训练）

图5-113 矩形浇口杆单元（综合训练）

（2）创建分流道。

1）以浇口的端点为起始点建立流道的轴线。单击"建模"→"创建曲线"→"直线"命令，单击浇口末端点，其序号出现在"第一点"文本框中，选择"相对"坐标，在"第二点"文本框里输入（0 - 250），单击"应用"按钮，得到如图5-114所示的分流道轴线。

2）赋予轴线分流道属性。选中轴线，单击鼠标右键，选择"属性"命令，在弹出的对话框中选择"是"，弹出"指定属性"对话框，如图5-115所示。在该对话框中单击"新建"按钮，在出现的下拉菜单中选择"冷流道"，弹出"冷流道"属性设置对话框，如图5-116所示。在"截面形状是"下拉列表中选择"圆形"，"形状是"选择"非锥体"；单击"编辑尺寸"按钮，弹出"横截面尺寸"对话框，在"直径"文本框中输入6mm，单击每一个编辑对话框的"确定"按钮。

3）划分浇口的柱体单元。单击"划分网格"按钮，在"全局网格边长"文本框中输入5mm，单击"立即划分网格"按钮，创建的分流道单元如图5-117所示。

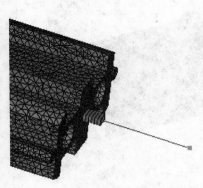

图5-114 分流道轴线（综合训练）

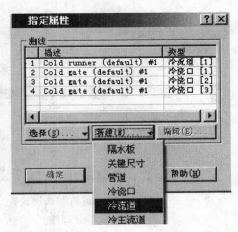

图5-115 "指定属性"对话框（一）

（3）创建主流道。

1）单击"建模"→"创建曲线"→"直线"按钮，单击分流道端点，其序号出现在"第一点"文本框中，选择"相对"坐标，在"第二点"文本框中输入（0 0 60），单击"应

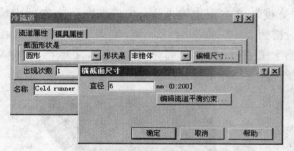

图 5-116 "冷流道"属性设置对话框(综合训练)

图 5-117 圆形分流道单元(综合训练)

用"按钮,得到主流道轴线。

2)赋予轴线主流道属性。选中轴线,单击鼠标右键,选择"属性"命令,在出现的对话框中选择"是",弹出"指定属性"对话框,如图 5-118 所示。单击"新建"按钮,在出现的下拉菜单中选择"冷主流道",弹出"冷主流道"属性设置对话框,如图 5-119 所示。在"形状是"下拉列表中选择"锥体",单击"编辑尺寸"按钮,弹出"横截面尺寸"对话框,在"始端直径"文本框中输入 6mm,在"锥体角度"文本框中输入单边角度 -2,单击每一个编辑对话框的"确定"按钮。

3)划分主流道单元。单击"划分网格"按钮,在"全局网格边长"文本框中输入 5mm,单击"立即划分网格"按钮,创建的主流道单元如图 5-120 所示。

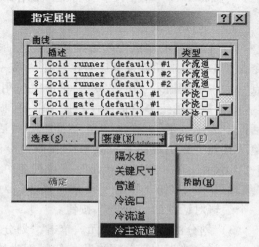

图 5-118 "指定属性"对话框(二)

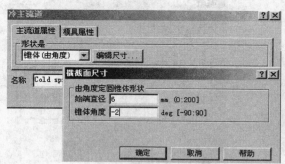

图 5-119 "冷主流道"属性设置
对话框(综合训练)

图 5-120 主流道单元
(综合训练)

单击"建模"→"移动/复制"→"镜像"命令,弹出"镜像"对话框,如图 5-121 所示。框选实体、浇口和分流道,在"镜像"文本框中选择"XZ 平面",参考点选择主流道末端点(0.41 -59.5 19.99),选中"复制"单选按钮,单击"应用"按钮,创建的浇注系统如图 5-122 所示。

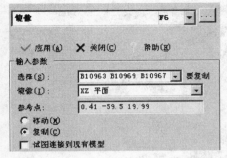

图 5-121 "镜像"对话框（综合训练）

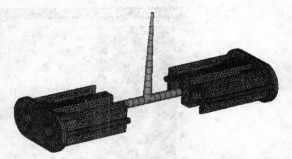

图 5-122 创建的浇注系统（综合训练）

6. 检查型腔连通性

多穴分析时，只要有一个型腔处于未连通状态，分析将无法进行，需要先清除多余节点。单击"网格"→"网格诊断"→"连通性诊断"命令，弹出"连通性诊断"对话框。单击任意实体单元，再单击"显示"按钮，如图 5-123 所示。连通部分呈蓝色显示，若全部呈蓝色，表明连通性好。

7. 设置进料点

在主流道最顶端设置进料点。单击"分析"→"设置注射位置"命令，鼠标变成十字光标，右上侧带有进料点图标。单击主流道顶端的节点，出现黄色的圆锥体，如图 5-124所示。

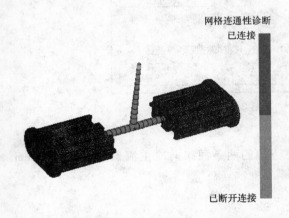

图 5-123 查看型腔连通性（综合训练）

图 5-124 设置进料点（综合训练）

8. 创建冷却系统

单击"建模"→"应用冷却回路向导"命令，创建冷却通道。首先进行冷却回路布局设定，其操作窗口如图 5-125 所示，"指定水管直径"为 8mm，"水管与制品间距离"为20mm，"水管与制品排列方式"沿着 X 向布局。单击"下一步"，按钮。进行冷却管道参数设计，如图 5-126 所示，"管道数量"为 10，"管道中心之间的间距"为 20mm，"制品之外距离"为 30mm，确认删除现有的冷却管道，相邻管道之间的连接采用默认的管道连接方式。在管道参数设定时，要考虑与现有的网格模型避免干涉，并保持合适的距离。单击"完成"按钮，创建的冷却回路如图 5-127 所示。

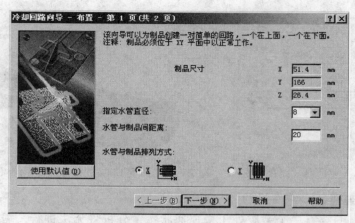

图 5-125　冷却回路向导创建第 1 页（综合训练）

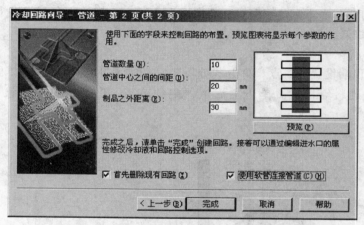

图 5-126　冷却回路向导创建第 2 页（综合训练）

9. 修改冷却回路

删除冷主流道两边的两条冷却回路，并将旁边的两条回路向冷主流道方向平移 10mm，修改后的冷却回路如图 5-128 所示。

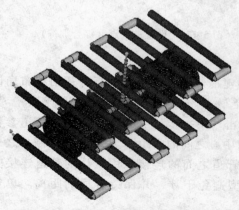

图 5-127　创建的冷却回路（综合训练）

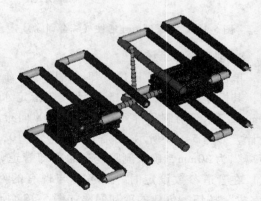

图 5-128　修改后的冷却回路（综合训练）

　　删除原来的冷却液入口。单击"分析"→
"设置冷却液入口"命令，弹出"设置冷却
液入口"对话框，如图 5-129 所示。单击
"新建"按钮，弹出如图 5-130 所示的"冷却
液入口"对话框。选择主流道两边冷却回路
端部为冷却液入口，如图 5-131 所示。

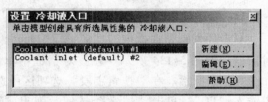

图 5-129　"设置冷却液入口"对话框（综合训练）

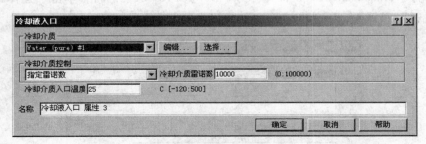

图 5-130　"冷却液入口"对话框（综合训练）

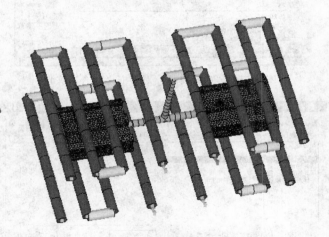

图 5-131　选择冷却液入口（综合训练）

10. 设定分析次序

　　双击任务视窗面板中的"填充"选项，弹出"选择分析顺序"对话框，如图 5-132 所
示。选择该对话框中的"冷却＋流动＋翘曲"选项，单击"确定"按钮，此时任务视窗面
板如图 5-133 所示。

图 5-132　"选择分析顺序"对话框（综合训练）

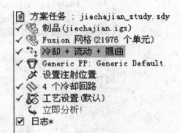

图 5-133　设置后的任务视窗面板（综合训练）

11. 选择材料

双击任务视窗面板中的 "✔ 🔽 Generic PP：Generic Default" 选项，弹出 "选择材料" 对话框，如图 5-134 所示。在该对话框中单击 "搜索" 按钮，弹出 "搜索标准" 对话框，如图 5-135 所示。在 "搜索字段" 选项区中选择 "材料名称缩写"，在 "子字符串" 文本框中输入 "PC"，单击 "搜索" 按钮，弹出 "选择热塑性塑料" 对话框，如图 5-136 所示。选择制造商为 "Mitsubishi Group"，牌号为 "Novarez 7022A" 的行，单击 "选择" 按钮，回到 "选择材料" 对话框，再单击 "确定" 按钮。

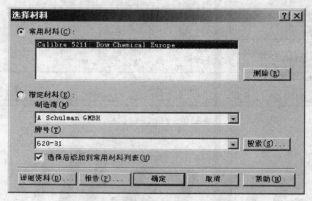

图 5-134　"选择材料" 对话框（综合训练）

图 5-135　"搜索标准" 对话框（综合训练）

图 5-136　"选择热塑性塑料" 对话框（综合训练）

12. 设置成型工艺参数

双击任务视窗面板中的 "✔ 🛠 工艺设置 (默认)" 选项，弹出 "工艺设置向导" 对话框，如图 5-137 所示。采用默认值，单击 "下一步" 按钮，弹出 "流动设置" 对话框，如图 5-138 所示。采用默认值，单击 "下一步" 按钮，弹出 "翘曲设置" 对话框，如图 5-139 所示。在该对话框中选中 "分离翘曲原因" 选项，单击 "完成" 按钮。

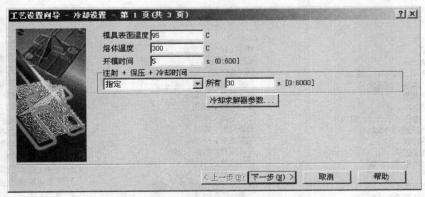

图 5-137　"工艺设置向导" 对话框（综合训练）

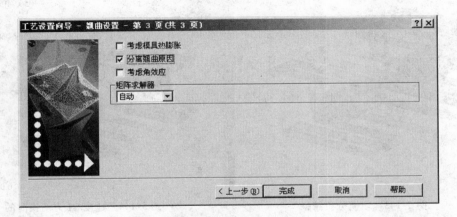

图 5-138　流动设置对话框（综合训练）

图 5-139　翘曲设置对话框（综合训练）

13. 执行分析

双击任务视窗面板中的"立即分析"按钮，进行分析。

14. 分析结果

分析完毕后，分析结果会显示在任务视窗面板中。此时任务视窗面板中将同时显示流动、冷却和翘曲三个分析的分析结果，如图 5-140 ~ 图 5-142 所示。

图 5-140　流动分析结果（综合训练）　　　图 5-141　冷却分析结果（综合训练）　　　图 5-142　翘曲分析结果（综合训练）

图 5-143 所示为填充分析结果，填充时间为 1.439s。图 5-144 所示为速度/压力切换时的压力分析结果，压力为 50.94MPa。图 5-145 所示为所有因素引起的变形分析，最大变形量为 0.2849mm。图 5-146 所示为不同的收缩引起的变形分析，最大变形量为 0.2839mm，说明引起产品变形的主要因素是冷却时的收缩。

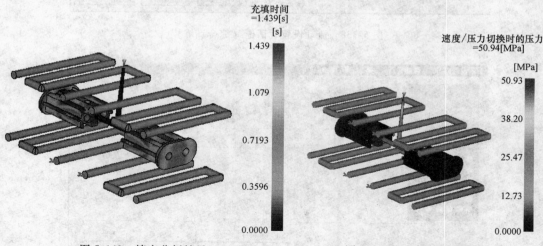

图 5-143　填充分析结果（综合训练）　　　图 5-144　速度/压力切换时的压力分析结果（综合训练）

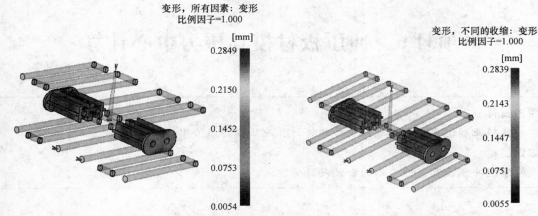

变形，所有因素：变形
比例因子=1.000

图 5-145   所有因素引起的变形分析（综合训练）

图 5-146   不同的收缩引起变形分析（综合训练）

5.4   训练项目

图 5-147 所示为矩形壳体，材料为 LG Chemical 公司的 ABS HF380 塑料，产品精度等级 6 级。

（1）对壳体进行浇口位置分析。

（2）一模两腔布局，侧浇口。设定注射机，设计冷却系统，运行冷却 + 流动 + 翘曲分析，进行结果分析。

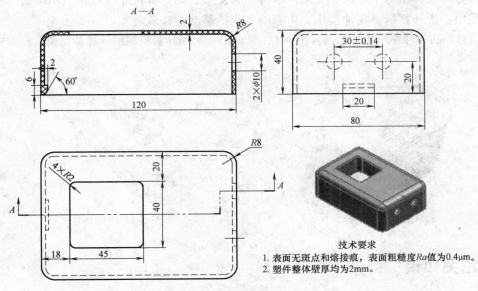

技术要求
1. 表面无斑点和熔接痕，表面粗糙度 Ra 值为 0.4μm。
2. 塑件整体壁厚均为 2mm。

图 5-147   矩形壳体

项目6　冲压板材模具压力中心计算

能力目标

　　能够正确运用计算机辅助设计软件计算冲压模具压力中心。

知识目标

　　掌握冲压模具压力中心的含义及计算方法。

6.1　任务引入

　　冲压力合力的作用点称为模具的压力中心。压力中心是冲压模具设计的重要参数之一。在设计冲压模具结构方案之前，必须计算出冲压模具的压力中心，模具的压力中心应该通过压力机滑块的中心线。对于有模柄的冲模，须使压力中心通过模柄中心线，否则冲压时会产生偏心载荷，导致模具、压力机滑块与导轨的急剧磨损，还会使合理冲裁间隙得不到保证，降低模具和压力机的使用寿命，严重时甚至损坏模具和设备，造成冲压事故。

　　在实际生产中，由于冲压件形状特殊，可能出现从模具结构考虑不宜于使压力中心与模柄中心线重合的情况，这时应注意使压力中心的偏离不致超出所选压力机允许的范围。

　　在计算冲压件压力中心时，如果冲压件形状复杂，则计算将非常繁琐或不准确。在冲模设计实践中，用计算机确定冲模压力中心的方法能够准确高效地完成该项任务。

　　本项目以凸模和冲压垫片为例（图6-1、图6-2），利用计算机辅助计算冲压模具压力中心。

图 6-1　凸模

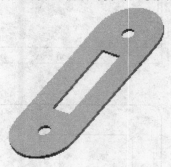

图 6-2　冲压垫片

6.2　相关知识

6.2.1　单凸模冲裁时的压力中心计算

　　对于形状简单或对称的冲压件，其压力中心即位于冲压件轮廓图形的几何中心。冲裁直线段时，其压力中心位于直线段的中点。冲裁圆弧段时（图6-3），其压力中心的位置按下

式计算，即

$$x_0 = R \frac{180° \sin\alpha}{\pi\alpha} = R \frac{b}{l} \tag{6-1}$$

式中，l 为弧长，其余符号含义见图 6-3。

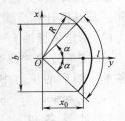

图 6-3　圆弧段压力
中心位置

对于形状复杂的冲压件，可先将组成图形的轮廓线划分为若干简单的直线段及圆弧段，分别计算其冲裁力，这些即为分力，由各分力之和算出合力。然后任意选定直角坐标系 Oxy，并算出各线段的压力中心至 x 轴和 y 轴的距离。最后根据"合力对某轴之矩等于各分力对同轴力矩之和"的力学原理，即可求出压力中心坐标。

如图 6-4 所示，设图形轮廓各线段（包括直线段和圆弧段）的冲裁力为 F_1，F_2，F_3，$\cdots$，F_n，各线段压力中心至坐标轴的距离分别为 x_1，x_2，x_3，$\cdots$，x_n 和 y_1，y_2，y_3，$\cdots$，y_n，则压力中心坐标公式为

$$\begin{cases} x_0 = \dfrac{F_1 x_1 + F_2 x_2 + F_3 x_3 + \cdots + F_n x_n}{F_1 + F_2 + F_3 + \cdots + F_n} = \dfrac{\sum\limits_{i=1}^{n} F_i x_i}{\sum\limits_{i=1}^{n} F_i} \\[4mm] y_0 = \dfrac{F_1 y_1 + F_2 y_2 + F_3 y_3 + \cdots + F_n y_n}{F_1 + F_2 + F_3 + \cdots + F_n} = \dfrac{\sum\limits_{i=1}^{n} F_i y_i}{\sum\limits_{i=1}^{n} F_i} \end{cases} \tag{6-2}$$

由于线段的冲裁力与线段的长度成正比，所以可以用各线段的长度 L_1，L_2，L_3，$\cdots$，L_n 代替各线段的冲裁力 F_1，F_2，F_3，$\cdots$，F_n，这时压力中心坐标的计算公式为

$$\begin{cases} x_0 = \dfrac{L_1 x_1 + L_2 x_2 + L_3 x_3 + \cdots + L_n x_n}{L_1 + L_2 + L_3 + \cdots + L_n} = \dfrac{\sum\limits_{i=1}^{n} L_i x_i}{\sum\limits_{i=1}^{n} L_i} \\[4mm] y_0 = \dfrac{L_1 y_1 + L_2 y_2 + L_3 y_3 + \cdots + L_n y_n}{L_1 + L_2 + L_3 + \cdots + L_n} = \dfrac{\sum\limits_{i=1}^{n} L_i y_i}{\sum\limits_{i=1}^{n} L_i} \end{cases} \tag{6-3}$$

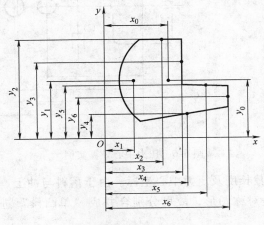

图 6-4　复杂图形压力中心位置计算

6.2.2　多凸模冲裁时的压力中心计算

多凸模冲裁时的压力中心计算原理（图6-5）与单凸模冲裁时的压力中心计算原理基本相同，其具体计算步骤如下。

1）选定坐标轴 x 轴和 y 轴。

2）按单凸模冲裁时压力中心的计算方法计算出各单一图形的压力中心到坐标轴的距离 x_1，x_2，x_3，…，x_n 和 y_1，y_2，y_3，…，y_n。

3）计算各单一图形轮廓的周长 L_1，L_2，L_3，…，L_n。

4）将计算数据分别代入式（6-3），即可求得压力中心坐标（x_0，y_0）。

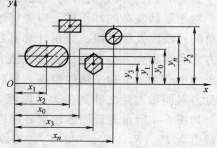

图 6-5　多凸模冲裁时压力中心计算

例　图6-6a所示冲压件采用级进冲裁，排样图如图6-6b所示，试计算冲裁时的压力中心。

1）根据排样图画出全部冲裁轮廓图，并建立坐标系，标出各冲裁图形压力中心对坐标轴的坐标，如图6-6c所示。

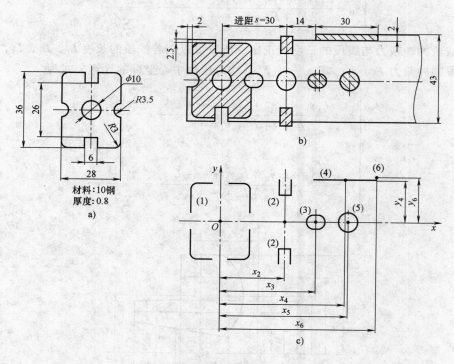

图 6-6　压力中心计算实例

2）计算各图形的冲裁长度及压力中心坐标。由于落料与冲上、下缺口的图形轮廓虽然被分割开，但其整体仍是对称图形，故可分别合并成"单凸模"进行计算。计算结果见表6-1。

表 6-1　各图形的冲裁长度和压力中心坐标

序号	L_i	x_i	y_i	序号	L_i	x_i	y_i
1	97	0	0	4	30	59	20.5
2	32	30	0	5	31.4	60	0
3	26	45	0	6	2	74	21.5

3）计算冲模压力中心。将表 6-1 的数据代入式（6-3），得

$$x_0 = \frac{97 \times 0 + 32 \times 30 + 26 \times 45 + 30 \times 59 + 31.4 \times 60 + 2 \times 74}{97 + 32 + 26 + 30 + 31.4 + 2} \text{mm} = 27.2\text{mm}$$

$$y_0 = \frac{97 \times 0 + 32 \times 0 + 26 \times 0 + 30 \times 20.5 + 31.4 \times 0 + 2 \times 21.5}{97 + 32 + 26 + 30 + 31.4 + 2} \text{mm} = 3.0\text{mm}$$

6.3　任务实施

6.3.1　基本训练——单工序冲裁件压力中心计算机辅助计算

对单工序冲裁件而言，求冲模压力中心实际为求刃口轮廓线的重心位置。图 6-7 所示为凸模投影图。

先在 UG 中绘制凸模刃口轮廓线，然后单击菜单"分析"→"截面惯性"命令，拾取轮廓线封闭环，再单击"应用"按钮，即可显示截面的重心坐标。

6.3.2　综合训练——多工位级进模压力中心计算机辅助计算

对于多工位级进模的模具压力中心，计算机辅助计算的方法有很多，本项训练以运用 UG 的级进模设计模块（PDW）计算模具压力中心为例，加以说明。

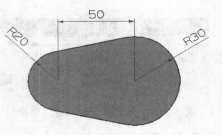

图 6-7　凸模投影图

单击 UG 中的"文件"→"打开"命令，单击"开始"→"所有应用模块"命令，选中"级进模向导"，弹出如图 6-8 所示的"级进模向导"菜单。

图 6-8　"级进模向导"菜单

1. 装载产品并初始化

单击"初始化项目"按钮 ，弹出如图 6-9 所示的"初始化项目"对话框；"部件厚度"为 0.5mm，"部件材料"为 08 钢，单击"确定"按钮，完成项目初始化。

2. 生成毛坯

单击"级进模向导"菜单中的"毛坯生成器"按钮 ，弹出如图 6-10 所示的"毛坯生成器"对话框。在"方法"选项中单击按钮 ，弹出如图 6-11 所示的"选择一个静止面"对话框。选择图 6-12 所示的静止面，单击"确定"按钮，计算生成毛坯。

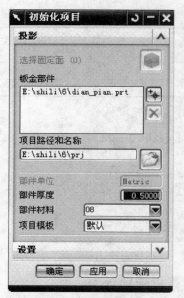

图 6-9　"初始化项目"对话框

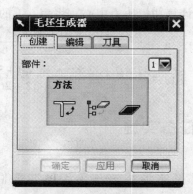

图 6-10　"毛坯生成器"对话框

图 6-11　"选择一个静止面"选择对话框

图 6-12　选择静止面

3. 生成毛坯布局

单击"级进模向导"菜单中的"毛坯布局"按钮，弹出如图 6-13 所示的"毛坯布局"对话框。单击"插入毛坯"按钮，在"旋转"文本框中输入"90"，在"螺距"文本框中输入"12"，在"宽度"文本框中输入"32"，单击"确定"按钮，结果如图 6-14 所示。

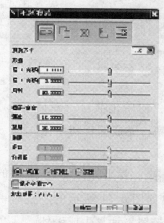

图 6-13　"毛坯布局"对话框

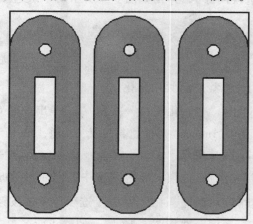

图 6-14　"毛坯布局"结果

4. 废料设计

（1）绘制废料区域曲线。单击"级进模向导"菜单中的"NX 工具"按钮 NX，在弹出的菜单中单击"基本曲线"按钮，绘制如图 6-15 所示的曲线，其中导正孔直径为 ϕ2.8mm。

（2）定义废料。单击"级进模向导"菜单中的"废料设计"按钮，弹出如图 6-16 所示的"废料设计"对话框。在"类型"下拉列表框中选择"创建"，在"方法"选项区中单击"毛坯边界＋草图"按钮，并选择图 6-17 所示的曲线，再单击"确定"按钮，生成的废料图如图 6-18 所示。

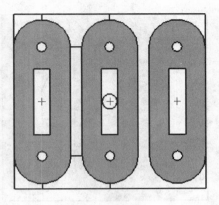

图 6-15　废料区域曲线

图 6-16　"废料设计"对话框

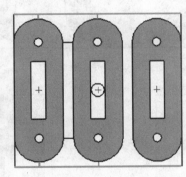

图 6-17　曲线选择

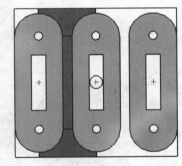

图 6-18　生成的废料图

在"方法"选项区中单击"封闭曲线"按钮，并选择图 6-19 所示的圆孔边缘线；在"设置"选项区中选中"冲裁"单选按钮，单击"应用"按钮，生成圆形废料，如图6-20所示。如此重复，分别选择另外的圆孔和方孔，生成废料。

（3）定义导正孔。打开图 6-16 所示对话框，在"方法"选项区中单击"封闭曲线"按钮，并选择图 6-21 所示的圆孔；在"设置"选项区选中"导正孔"单选按钮；单击"应用"按钮，生成圆形导正孔废料。

（4）定义废料分割。打开图 6-16 所示对话框，在"类型"下拉列表框中选择"编辑"，在"方法"选项区单击按钮。再单击第一步产生的废料，在"拆分曲线"中选择图 6-22 所示的曲线，将废料拆分成两块。用同样的方法，将此废料再次拆分，结果如图 6-23 所示。

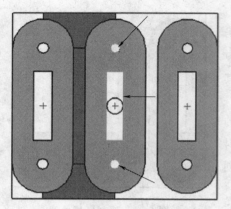

图 6-19　选择圆孔边缘曲线

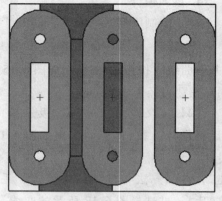

图 6-20　生成圆形废料

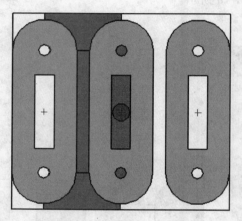

图 6-21　导正孔废料

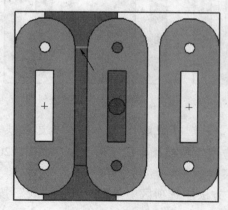

图 6-22　废料拆分

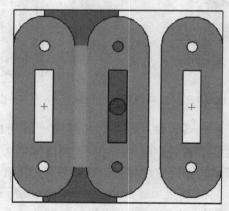

图 6-23　拆分结果

（5）定义重叠区域。打开图 6-16 所示对话框，在"类型"下拉列表框中选择"附件"，在"附件"中单击"重叠"按钮 ▨ ，再单击上一步拆分出的长方形废料，选择图 6-24 所示的边，重叠宽度为 0.5mm，单击"应用"按钮产生重叠。用同样的方法产生另一边的重叠，结果如图 6-25 所示。

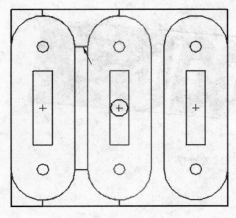

图 6-24 重叠边图

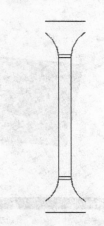

图 6-25 重叠边结果

5. 排样设计

单击"级进模向导"菜单中的"排样设计"按钮，弹出如图 6-26 所示的条料排样窗口；在"Station Number"中输入工位数"5"，用鼠标右键单击"Strip Layout Definition"，选择"创建"命令，完成排样初始化。

在初始化完成后的条料排样窗口中，直接拖动工序进入相应的工位，用鼠标右键单击"Strip Layout Definition"，选择"仿真冲裁"命令，完成排样，如图 6-27 所示。

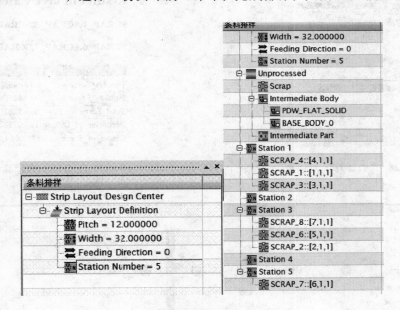

图 6-26 条料排样窗口

6. 压力中心计算

单击"级进模向导"菜单中的"冲压力计算"按钮，弹出如图 6-28 所示的"力计算"对话框；在其中选择所有未处理的工序，单击"自动计算"按钮，再单击"计算总力"按钮，弹出力计算结果，如图 6-29 所示。压力中心如图 6-30 所示。

图 6-27　完成的排样

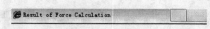

图 6-28　"力计算"对话框

Result of Force Calculation

SCRAP_1,SCRAP_2,SCRAP_3,SCRAP_4

SCRAP_6,SCRAP_7,SCRAP_8

Name	Value
Process_Force	637.6439[N]
Holding_Force	31.8823[N]
Total_Force	669.5262[N]
Perimeter_of_Cutting	127.5288[mm]
Center_of_Force	(36.0084,-0.0000,0.0000)

图 6-29　力计算结果

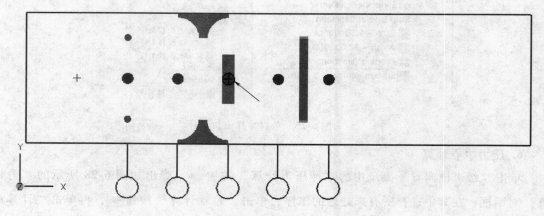

图 6-30　压力中心

6.4   训练项目

1. 什么是冲压模具压力中心？

2. 单工序冲模和多凸模冲裁压力中心如何计算？

3. 试运用 UG 软件，绘制如图 6-31 所示零件的级进模排样图，确定压力中心位置。零件材料为 08 钢，厚度 $t = 2\text{mm}$。

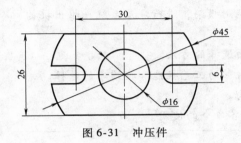

图 6-31   冲压件

项目7　塑料制品注射模设计

能力目标

1. 会正确选择注塑模分型面。
2. 能够正确分型，调用模架，进行浇注系统、推出机构、冷却系统设计。

知识目标

1. 掌握注塑模分型面选择的方法。
2. 掌握注塑模常用材料的工艺性能和收缩率的选择。
3. 了解注塑模具结构。
4. 掌握 Mold Wizard 各命令的使用。

7.1　任务引入

　　注塑模分型面的设计直接影响着塑料件的质量、模具结构和操作的难易程度，是注塑模设计成败的关键之一。随着 CAD/CAM 技术在模具制造业的广泛应用，模具设计也由传统的二维设计转变为三维设计。在众多的 CAD/CAM 软件中，利用 UG 软件中的 MoldWizard 对已有的产品模型，通过建立模具装配模型、设置收缩率、检查零件厚度和脱模斜度、设计分型面、抽取模具零件、分割模具工件块等过程，可以快速完成模具成型零件设计，最后应用专家模架系统完成整套模具的设计。

　　本项目以图 7-1 ~ 图 7-4 所示四个实例为例，讲解利用 UG 软件进行注塑模分型及模具设计的方法。

图 7-1　塑料方形饭盒

图 7-2　电动剃须刀塑料盖

图 7-3　遥控器座

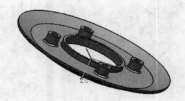

图 7-4　圆盘形塑料件

7.2　相关知识

7.2.1　MoldWizard 简介

MoldWizard 是针对注塑模具设计的一个过程应用。型腔和模架库的设计统一到一个前后关联的过程中。MoldWizard 为建立型腔、型芯、滑块、顶块装置和嵌件提供了高级建模工具，以快速方便地生成相关的三维实体。

用 MoldWizard 进行模具设计的优点是：过程自动化，易于使用，生成完全的相关件。

MoldWizard 模块部分是作为一个整体提供的，它不需要专门的安装过程。使用时，将整个模块复制到 UG 的安装目录下，将目录名改为 "MoldWizard"，然后在软件中单击 "Application"→"MoldWizard" 命令，即可调出 MoldWizard 工具栏。MoldWizard 的设计过程与通常的模具设计过程相似，工具栏图标的顺序也大致相同，如图 7-5 所示。

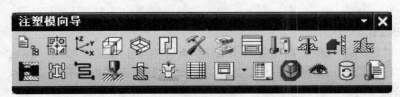

图 7-5　"注塑模向导" 工具栏（MoldWizard 工具栏）

1）项目初始化：进入 MoldWizard 后，通过产品调用图标可以调用需要处理的产品模型文件，并设置整个设计方案的单位、存放路径等相关参数。

2）多腔模设计：在一个模具中设计制造外形不同的零什，使用此功能可进行当前有效的零件设置。

3）模具坐标系：该功能定义当前模具设计过程中所使用的模具坐标系。

4）收缩率：将塑件产品的收缩率加到模型上，以保证模具型腔符合产品收缩率的设计要求。

5）毛坯：该功能提供用于分模产生型芯、型腔的模坯。

6）布局：该功能设置模块在模具结构中的数量及位置。

7）工具：该功能为顺利进行分模而对产品模型进行各种相关操作，如修补等功能应用。

8）分模：该功能依据产品的外形曲面对毛坯进行分模处理，以得到模所需的型腔表面。

9）模架库：该功能可以直接调用各种常见模架厂家的模架装配组件。

10）标准件：该功能中包含了模具设计里常用的标准组件，如顶杆、定位环等，可以直接修改参数后调入模具装配结构中。

11）顶出销：该功能可以进行用于产品顶出的顶杆标准件的处理。

12）滑块：该功能中包含用于模具内陷区域设计的滑块、顶块等组件，可以直接修改参数后调入模具装配体中。

13）嵌件：也称镶件，使用此功能可以设置模块上局部位置所使用的镶块。

14）浇口：该功能可以在模具结构中加入各种类型的浇口，并进行尺寸修改。

15）流道：使用此功能定义模具结构中所使用的流道的外形及尺寸。

16）冷却通道：该功能可以进行模具结构中所使用的冷却通道的建立和修改。

17）电极：该功能可以直接从模块上的型腔表面获得需要进行电加工的电极外形。

18）修剪：该功能可以根据模块上的型腔表面对镶块或其他标准件进行修剪，以使其符合产品外形要求。

19）型腔：该功能可以获得模块或其他标准件在模板中的安装位置。

20）清单：也称 BOM（材料表），将当前模具结构中的标准件的型号尺寸等信息列表汇总。

MoldWizard 处理过程需要一个完好的、没有缺陷的实体产品模型作为设计基础。

7.2.2　MoldWizard 的模具设计过程

通常可以将 UG 模具设计模块的分模处理过程分为几个阶段，下面对这些处理阶段进行简要介绍。

1. 方案初始化阶段

模具设计过程的第一步是调用零件并创建 MoldWizard 装配体结构。在这一步中将进行与方案相关的各种设置，如使用单位、方案存放的路径及方案的名称等。

2. 准备阶段

在设计方案确定后，接下来将进行一系列的准备工作，包括模具坐标系的建立、确定产品的收缩率，以及确定毛坯工件尺寸的大小等。

（1）模具坐标系。模具坐标系是在进行模具设计时使用的坐标系。它可以作为型腔块与模架等相关结构的定位参考，也可以作为构建滑块、浇口、流道等部分时的参考。它有以下特点：

1）可以通过平移和旋转等功能使模具装配体的原点置于模架的中心，主平面的两侧为固定板和移动板，即定模板和动模板。

2）当使用 Mold CSYS 功能时，现有的 WCS 坐标系的 XC-YC 平面作为重要的分模平面，或者作为模架移动部分和固定部分的边界，而现有坐标系的 ZC 轴作为模具的顶出方向。

3）选择 Mold CSYS，通过把模型装配体从 WCS 移到模具装配体的 ACS 位置来把模型装配体移到模具中适当的位置和方向。

4）Mold CSYS 能够通过 WCS 菜单中的坐标系编辑控制功能将模具装配体置于所需方向上，并可以通过再次选择此功能来重新定义它的方位。

（2）收缩率。模具的收缩率可以根据设计手册或用户自己的设计经验来确定。在给定模具的收缩率后，模具的型腔和型芯要根据模具收缩率重新定义尺寸。收缩率能够通过对零件各个方向上的均匀收缩，或分别指定 X、Y、Z 方向的收缩系数来进行定义。应用收缩率功能后，可以在任意时刻再次编辑收缩率。

（3）毛坯和模块。模块是从模具装配体中去除零件部分占用的体积后所得到的剩余部分，这个模具装配体中包含了零件的实际外形的曲面。创建模块可以使用系统提供的标准立方体，也可以使用已定义的实体。在该功能的设置界面中，系统会自动计算产品模型的最大外形尺寸，并按这个尺寸增加一定的余量给出一个默认的模块大小。

（4）布局功能。利用该功能可以定义多型腔模具的型腔数目、排列图形及相对位置等参数，同时对已经存在的布局进行调整、删除等操作。

3. 分析阶段

分析阶段主要是利用产品设计顾问功能对产品模型进行分析，以确定下一步是否需要使用工具进行修补，以及确定模具结构等项内容。这个阶段中，很大程度上依靠设计师的经验，对系统得出的各项指标进行分析处理来确定模具设计的后续过程。

4. 工具应用阶段

在很多情况下，作为设计过程的一部分，在分模零件的过程中需要使用指定的工具来进行一些特定的操作。这些工具位于 MoldWizard Tools（模具工具）对话框中，包括可以对产品模型上的通孔进行修补的面修补，可以对内陷区域进行修补的块修补等。

5. 分模面创建阶段

在分模处理过程中最重要的就是分模面的创建。它关系到是否能正确地进行型芯和型腔的创建，在这个阶段中又可分出分模线、分模曲面的创建等过程，只有正确地进行分模线的创建才能保证分模曲面的生成。这个过程可以细分为以下两个执行步骤：

1）识别分模边线或自然分模轮廓。MoldWizard 提供了一系列用来自动识别分模线的功能，检查模型上的脱模角及封闭面上的修补孔。

2）创建薄体，并把它从模型上延伸到工件外面。MoldWizard 可以根据找出的分模线，通过各种方法创建出分模薄体。可以利于这个薄体修剪毛坯工件。

6. 分模阶段

这个阶段将把模型上提取出的面分成两部分，分别为型腔面和型芯面，并分别与分模线创建的分模曲面结合在一起，然后对毛坯工件进行修剪。其应用过程如下：

1）识别属于型腔和型芯的面并提取出相应的薄体。

2）提取模型上的曲面。

3）修剪工件的复制体为型腔和型芯。

7. 后续处理过程

分模工作完成后，就可以将得到的包含型腔和型芯型面的模块转入加工模块，进行数控加工的编程工作。

1）模架库处理：在这里可以加入标准模架组件，如 DME、HASCO 等公司的产品。模架的单位分米制和英制两种，与产品的单位相对应。选择好模具结构、长宽尺寸及各模板的厚度尺寸后，就可以方便地将模架加入到模型中去。

2）标准件处理：在这里可以加入模具装配组件中的标准件，如定位环、浇口套等，对于需要做抽芯处理的零件，可以在这里通过定义滑块的功能来处理。在 MoldWizard 中，滑块等标准件可以进行参数化设计，将设计者的经验融合进去，根据实际情况来定义合适的参数。

3）其他处理：对于机械加工无法加工的地方必须进行电火花加工，在 MoldWizard 中可以方便地根据型腔设计二维电极，然后直接用 CNC 机床加工。在模具设计完成后，可以通过 BOM 统计出整个模具中的零件情况，并列表汇总。

7.2.3　模架设计

单击 MoldWizard 工具栏中的"模架库"按钮 ▦，弹出如图 7-6 所示的"模架设计"对话框，即可进行模架的配置和调用。

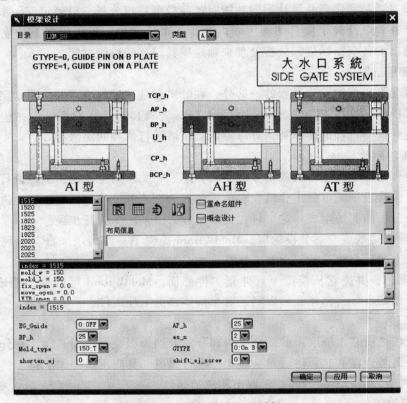

图 7-6　"模架设计"对话框

1. 模架类型

不同类型的工程对模架尺寸和配置的要求有很大的不同。为了满足不同情况的特定要求，模架功能包括以下几种模架类型：

（1）标准模架。标准模架用于要求使用标准目录模架的情况。标准的模架由一个单一的对话框来配置。基本参数，如模架长度和宽度、板的厚度或模具打开距离（stand off），可以很容易地在"模架设计"对话框中进行编辑。

如果模具设计要求使用一个非标准的配置，如增加板或重定位组件，选用可互换模架会更合适。

"模架设计"对话框中的"目录"下拉列表显示了被 Mold Wizard 选用的生产制造标准模架的著名公司的模架系统：美国 DME 公司的模架、德国 HASCO 公司的模架、日本 FUTA-BA 公司的模架和中国香港龙记 LKM 公司的模架。

（2）可互换模架（Interchangeable）。可互换模架用于需要用到非标准设计的情况。可互换模架提供了一个有 60 种模架板类型的叠加菜单。子对话框可以详细配置各个组件和组件系列。可互换模架是以标准结构的尺寸为基础的，但是它可以很容易地调整为非标准结构的尺寸值。

（3）通用模架（Universal）。通用模架可以通过配置不同模架板来组合成数千种模架。当可互换模架还不能满足要求时，就要选用通用模架，其界面如图 7-7 所示。

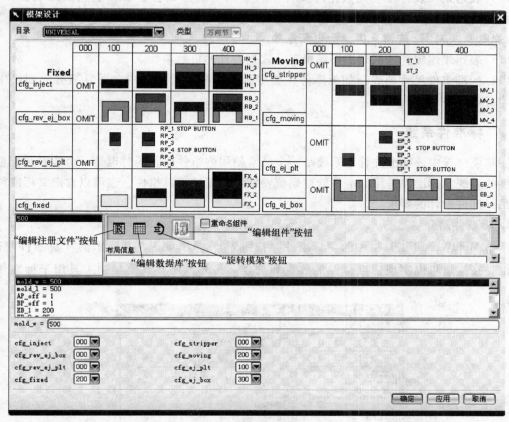

图 7-7　通用模架对话框

2. 对话框参数

"模架设计"对话框包含以下选项和按钮，用于进行模架参数设计。

1）目录：目录下拉列表可以选择模架目录以用做当前的模架。目录的选择依赖于工程的单位。如果工程单位是英制的，只有英制的模架才能使用。

2）类型：大多数模架目录可以提供不同配置的模架，如 A 系列、B 系列或三板模架。

3）位图区：该区域显示一个模架结构的图片。该图片的显示是由选择的目录和类型所决定的，也可以自定义模架的同时创建图片。

4）模架索引列表：模架索引是一个滚动窗口，用于选择模架的长度和宽度。索引的值一般显示为宽度×长度。

5）编辑注册文件：单击"编辑注册文件"按钮，可打开模架注册电子表格文件。

6）编辑数据库：单击"编辑数据库"按钮，打开当前对话框中显示的模架的数据库电子表格文件。数据库文件包括定义特定模架尺寸和选项的相关数据。

7）旋转模架：单击"旋转模架"按钮，将模架绕 Z 轴旋转 90°。

8）布局信息：型腔的最大布局尺寸显示在布局信息窗口中。

9）编辑组件：单击"编辑组件"按钮，打开"编辑模架组件"对话框，以编辑可互换模架的组件。

10）表达式列表：在模架数据库文件中列出的全部参数会显示在表达式列表窗口中。可以在表达式编辑区域编辑这些表达式，并按 < Enter > 键来修改模架尺寸。如果单击"确定"按钮或"应用"按钮，模架会更新这些尺寸。

11）表达式编辑：该区域用于编辑表达式列表外的单独参数。

12）标准组件尺寸列表：如板厚等，会显示在这些下拉菜单中，而且只有取列表中的数值才有效。

7.2.4 标准件系统

注塑模向导中的标准件管理系统是一个经常使用的组件库，同时也是一个能安装调整这些组件的系统。标准件是用标准件管理系统安装和配置的模具组件，也可以自定义标准件库来满足标准件设计的要求。

1. 标准件简介

单击 MoldWizard 工具栏中的"标准件"按钮，弹出如图 7-8 所示的"标准件管理"对话框，在这里可以实现标准部件的放置和管理。另外，还有其他辅助工具用于标准件的成形。

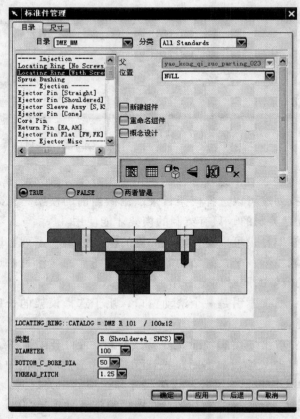

图 7-8 "标准件管理"对话框

2. 标准件管理

在"标准件管理"对话框中，可从"目录"中选择模具使用的标准件，并在模具装配体中定位。这里一般有通用结构的定位环和浇口套，特殊用途的顶杆等。其中一些标准件可以由 MoldWizard 自动选择位置点在装配体中加载，而另外一些标准件需要选择加载点。

注塑模向导标准件管理系统提供以下功能，并在"标准件管理"对话框中实现：

（1）"目录"下拉列表列出了可用的标准件库。米制的标准件库用于米制单位初始化的模具工程，英制的标准件库用于英制单位初始化的模具工程。

"目录"下拉列表中的选项需在标准件注册文件中注册。

（2）"分类"下拉列表会过滤部件列表窗口中的部件来显示组件分组类型，如定位环，螺钉，顶杆等。如果选择了一个特定的分组，部件列表窗口将只显示选定组中的组件。分类中的默认值是所有的标准件。此时，在部件列表窗口中会显示目录中的全部标准件。部件列表分类的组是由标准件注册文件中的具有特殊格式的内容来完成的。

（3）"部件列表"滚动窗口列举了"目录"下拉列表中选定的库中包含的组件。"部件列表"窗口中的选择项在注册文件中进行过注册，列表中的内容被分类进行过滤。

（4）系统会选择默认的"父级"部件名称，但也可以自己指定其他的部件作为父级部件。添加标准件时，会将它作为系统指定父部件的子部件，也可以在该下拉列表中重新指定它的父部件。

（5）"位置"下拉列表决定添加标准件的放置方式。每个标准件有一个默认的位置，由控制它的数据库电子表格定义的"POSITION"设定。

NULL：默认值，将标准件的绝对坐标系定位到父组件的绝对坐标系上。

WCS：将标准件的绝对坐标系定位到显示部件的工作坐标系上。

WCS-XY：将标准件的绝对坐标系定位到显示部件的 WCS 的 X-Y 面上。

POINT：将标准件的绝对坐标系定位到显示部件的 X-Y 面上的任意选择点。

PLANE：该方式提示用户选择一个模具装配的任意组件上的平面。标准件的绝对坐标系的 X-Y 面会放置到选择的面上，然后会提示在选定的面上选择一个原点。

MATE：可以先加入标准件，然后用配对条件为标准件定位。

（6）当一个组件集已经被添加，并且被选中编辑时，通过"组件"下拉菜单可以从组件装配中选择一个组件来编辑。

（7）"新建组件"复选框允许作为新组件添加多个相同类型的组件，而不是作为组件的引用件来添加。这样就可以对每个组件进行独立的编辑而不会影响到其他组件。

（8）选中"重命名组件"复选框，可以在加载之前重命名该组件。

（9）在"标准件管理"对话框中，可以添加一个标准件，编辑一个已添加的标准件或者添加一个另外的标准件。

（10）"引用集"选项控制选择的标准件显示的引用集，其有三个选项可用，即 TRUE、FALSE 和两者皆是。TRUE 引用集一般包含组件体，FALSE 引用集包含用于放置创建腔体的几何体。

（11）图像区域显示了一个位图，以帮助选择或配置标准件。该区域显示的图像在每个组件的标准件数据库表格中定义。

（12）注释会在需要的时候显示在图像区域的下面。注释在标准件数据库电子表格中注释部分定义。如果该标准件有几种类型，在选择其他的选项菜单时，会显示不同的位图。

(13)"选项"区域位于"目录"页的底部，用于选择标准件尺寸的系列值。这些标准件的尺寸值来自于供应商，如该项在标准件数据库中被注册过，选项菜单将会显示在该区域。

(14)编辑。单击"编辑注册文件"按钮可打开标准件的注册文件，从而进行编辑和修改。单击"编辑数据库"按钮，可打开当前对话框中显示的标准件的数据库电子表格文件，从而对其目录数据进行修改。数据库文件包括定义特定的标准件尺寸和选项的相关数据。单击"移除组件"按钮可删除一个高亮的标准件。该高亮标准件的引用集和它的连接腔体也一起会被删除。如果没有其他的引用组件，该部件文件会关闭。组件"重定位"用于标准件装配重新定位。单击"翻转方向"按钮，可以翻转选定标准件的放置方向。

3. 滑块抽芯

从结构上来看，滑块和抽芯的组成大概可以分为两部分：头部和体。头部依赖于产品的形状。体则由编辑调用的标准件组成。最后用 WAVE 几何连接器，将头部连接到"滑块/抽芯设计"的本体部件中。

4. 其他标准件

MoldWizard 中的标准件不仅仅局限于"标准件管理"对话框里面列出的几种，还有镶块（Sub-Inserts）、冷却（Cooling）和电极（Electrode），它们也按照"标准件管理"的方式进行编辑和放置。

5. 顶杆

顶杆功能实际上是顶杆的后处理过程。首先用"标准件管理"功能创建顶杆并定位，然后改变标准件功能创建的顶杆的长度并设定配合的距离（与顶杆孔有公差配合的长度）。顶杆功能会用到形成型腔/型芯的分型片体。

6. 模具修剪

模具修剪功能可以自动相关性地修剪标准件，用来形成型腔或型芯的形状。

7. 型腔设计

在完成了标准件和其他组件的编辑和放置后，可使用型腔设计功能来剪切相关的或非相关的腔体。型腔设计的本质就是将标准件里的 FLASE 体连接到目标体部件中，并从目标体中减掉，从而形成所需要的实体。

7.2.5 冷却系统设计

冷却功能用于提供模具装配形式的冷却管道。单击"模具向导"工具栏中的"冷却"按钮 三，弹出如图 7-9 所示的"冷却组件设计"对话框。

标准件库包含一个名为 COOLING（冷却）的目录。该目录包含不同的冷却组件。表7-1给出了冷却系统标准件的名称和注释。

表 7-1 冷却系统标准件的名称和注释

名称	注解	名称	注解
COOLING HOLE	冷却水道钻孔	CONNECTOR PLUG	连接水嘴
PIPE PLUG	管路堵塞	EXTENSION PLUG	加长连接水嘴
BAFFLE SPIRAL	隔水螺旋板	DIVERTER	塞
BAFFLE	隔水板（导流板）	O-RING	O 形圈

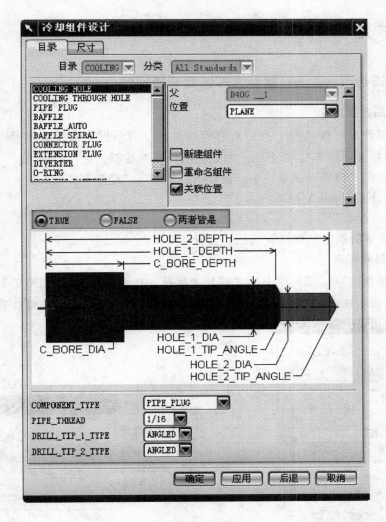

图 7-9 "冷却组件设计"对话框

7.2.6 顶出设计

在注塑成型的每一循环中，塑件必须由模具的型腔或型芯上脱出。脱出塑件的机构称为顶出机构。许多公司的标准件库里都提供了顶杆和顶管，用于顶出设计，然后再利用 Mold-Wizard 中的顶杆后处理工具便可完成顶出设计。

7.2.7 顶杆后处理

顶杆后处理功能可以改变用标准件功能创建的顶杆的长度，并设定配合的距离（与顶杆孔有公差配合的长度）。由于顶杆功能要用到已经形成的型腔和型芯的分型片体，因此在使用顶杆功能之前，必须先创建型腔、型芯。用标准件功能创建顶杆时，必须选择一个比要求值长的顶杆，才可以将它调整到合适的长度。

7.3　任务实施

7.3.1　基本训练（一）——塑料方形饭盒分模设计

1. 装载产品并初始化

单击"装载产品"按钮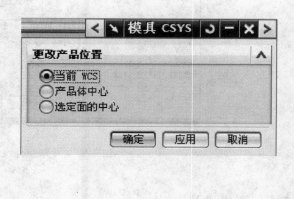，在"打开部件文件"对话框中选择文件 shili \ 7 \ 1 \ fan-he. prt，确定后打开如图 7-10 所示的"初始化项目"对话框，进行初始化。

项目单位：在"设置"选项区中，设置项目单位为"毫米"。

项目路径：E：\ shili \ 7 \ 1。

项目名：fan_he。

参数设置完成后单击"确定"按钮，完成初始化。

2. 定位模具坐标系

单击"注塑模向导"工具栏中的"模具坐标系"按钮，弹出如图 7-11 所示的"模具 CSYS"对话框；选中"当前 WCS"选项，单击"确定"按钮，完成模具坐标系的创建。

图 7-10　"初始化项目"对话框（基本训练一）　　　图 7-11　"模具 CSYS"对话框（基本训练一）

3. 设置收缩率

单击"注塑模向导"工具栏中的"收缩率"按钮，弹出"编辑比例"对话框；单击"均匀收缩"按钮，在"比例因子"里输入 1. 023（收缩率为 2. 3%）；最后单击"确定"按钮，完成收缩率的设置。

4. 定义成型工件

单击"注塑模向导"工具栏中的"成型工件"按钮，弹出"工件"对话框，按图 7-12 所示定义成型工件；单击"确定"按钮，视图区加载成型工件，如图 7-13 所示。

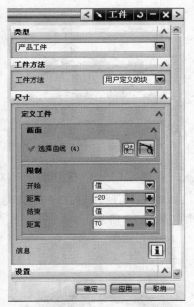

图 7-12　"工件"对话框（基本训练一）

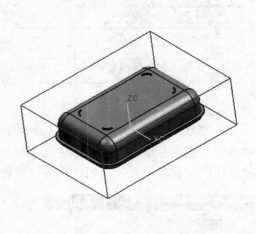

图 7-13　成型工件（基本训练一）

5. 分型设计

（1）创建分型线。单击工具栏中的"分型"按钮，弹出如图 7-14 所示的"分型管理器"对话框；单击"编辑分型线"按钮，弹出如图 7-15 所示的"分型线"对话框。

单击"自动搜索分型线"按钮，弹出如图 7-16 所示的"搜索分型线"对话框；单击"应用"按钮后，单击"确定"按钮，产生如图 7-17 所示的分型线。

图 7-14　"分型管理器"对话框（基本训练一）

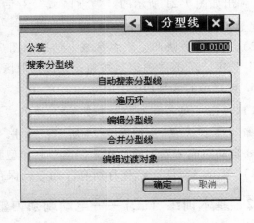

图 7-15　"分型线"对话框（基本训练一）

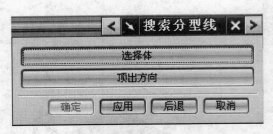

图 7-16　"搜索分型线"对话框（基本训练一）

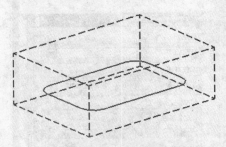

图 7-17　分型线（基本训练一）

（2）创建分型面。单击"创建/编辑分型面"按钮 ，在弹出的"创建分型面"对话框中单击"创建分型面"按钮，进入"分型面"对话框，如图 7-18 所示；在"曲面类型"选项区选中"有界平面"选项，单击"确定"按钮，结果如图 7-19 所示。

图 7-18　"分型面"对话框（基本训练一）

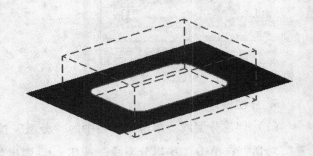

图 7-19　有界平面（基本训练一）

（3）创建抽取区域。

1）单击分型管理器中的"抽取区域和分型线"按钮 ，弹出如图 7-20 所示的"定义区域"对话框。在"区域名称"选项区中选择"型腔区域"后，单击"搜索区域"按钮 ，弹出如图 7-21 所示的"搜索区域"对话框。单击如图 7-22 所示的"种子面"，拖动"高亮显示面"滑块，单击"确定"按钮，产生型腔区域。

2）按上述方法产生型芯区域，结果如图 7-23 所示。选中"设置"选项区中的"创建区域"选项，单击"确定"按钮，完成抽取区域设定。

6. 创建型芯和型腔

1）单击"型芯和型腔"按钮 ，弹出"选择片体"对话框，在"区域名称"选项区中选择"所有区域"，如图 7-24 所示；单击"应用"按钮，再单击"确定"按钮，Mold-Wizard 自动完成一系列的动作来创建型芯和型腔。创建的型芯和型腔，如图 7-25 所示。

2）单击"文件"→"保存所有"命令，保存全部零件。

7.3.2　基本训练（二）——电动剃须刀塑料盖分模设计

1. 装载产品并初始化

单击"装载产品"按钮 ，在"打开部件文件"对话框中选择文件 shili \ 7 \ 2 \ ti_xu_dao，确定后打开如图 7-26 所示的"初始化项目"对话框，进行初始化。

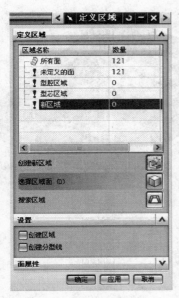

图 7-20　"定义区域"对话框（基本训练一）

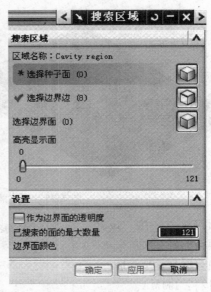

图 7-21　"搜索区域"对话框（基本训练一）

图 7-22　种子面（基本训练一）

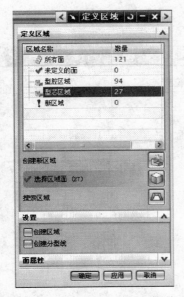

图 7-23　抽取区域设定（基本训练一）

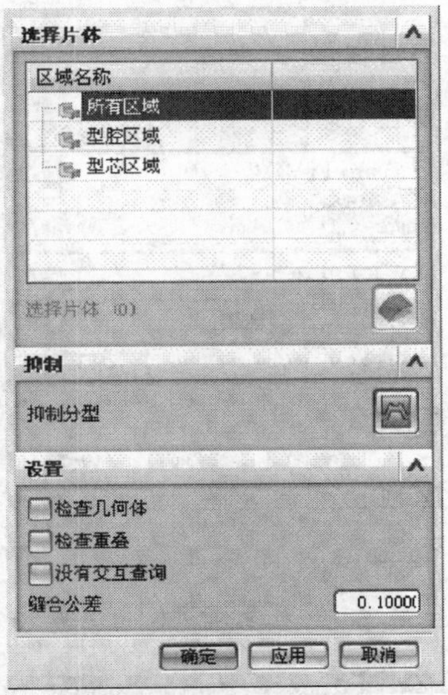

图 7-24　"选择片体"对话框（基本训练一）

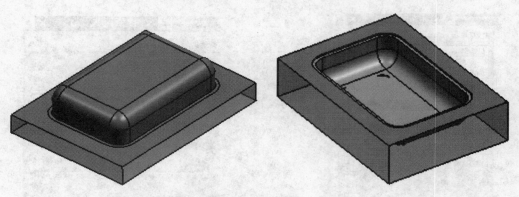

图 7-25　创建的型芯和型腔（基本训练一）

项目单位：在"设置"选项区中，设置项目单位为"毫米"。

项目路径：E：\ shili \ 7 \ 2

项目名：ti_xu_dao

材料：PMMA。

收缩率：1.002。

参数设置完成后单击"确定"按钮，完成初始化。

2. 定位模具坐标系

单击"注塑模向导"工具栏中的"模具坐标系"按钮 ，弹出如图 7-27 所示的"模具 CSYS"对话框，选中"当前 WCS"单选按钮，单击"确定"按钮，完成模具坐标系的创建。

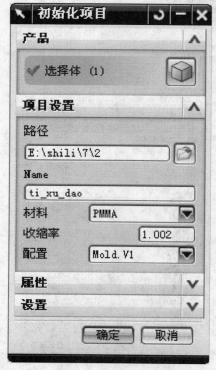

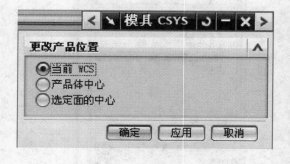

图 7-26　"初始化项目"对话框（基本训练二）　　图 7-27　"模具 CSYS"对话框（基本训练二）

3. 定义成型工件

（1）单击"注塑模向导"工具栏中的"成型工件"按钮 ，弹出如图 7-28 所示的"工件"对话框。在"工件方法"下拉列表框中选择"型腔-型芯"，再单击"工件库"按钮 ，弹出如图 7-29 所示的"工件镶块设计"对话框。在"SHAPE"下拉列表框中选择"ROUND"，在"FOOT"下拉列表框中选择"开"；单击"尺寸"选项卡，修改尺寸如图 7-30所示，单击"确定"按钮。

（2）单击"工件"对话框中的"确定"按钮，视图区加载成型工件，如图 7-31 所示。

图 7-28 "工件"对话框（基本训练二）

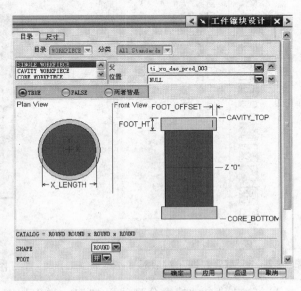

图 7-29 "工件镶块设计"对话框（基本训练二）

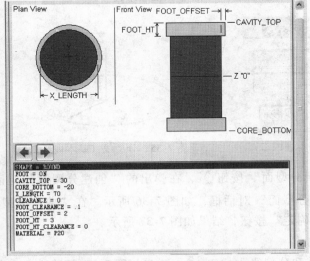

图 7-30 成型工件尺寸定义（基本训练二）

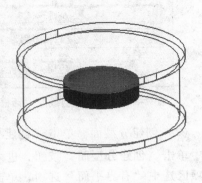

图 7-31 完成的成型工件定义
（基本训练二）

4. 分型设计

（1）创建分型线。

1）单击工具栏中的"分型"按钮 ，弹出如图7-32所示的"分型管理器"对话框。单击"编辑分型线"按钮 ，弹出如图7-33所示的"分型线"对话框。

图7-32 "分型管理器"对话框（基本训练二）

图7-33 "分型线"对话框（基本训练二）

2）单击"自动搜索分型线"按钮，弹出如图7-34所示的"搜索分型线"对话框。单击"应用"按钮后，单击"确定"按钮，产生如图7-35所示的分型线。

图7-34 "搜索分型线"对话框（基本训练二）

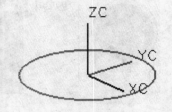

图7-35 分型线（基本训练二）

（2）创建分型面。单击"创建/编辑分型面"按钮 ，在弹出的"创建分型面"对话框中单击"创建分型面"按钮，进入"分型面"对话框，如图7-36所示。在"曲面类型"选项区选中"有界平面"选项，单击"确定"按钮，结果如图7-37所示。

（3）抽取区域。

1）单击分型管理器中的"抽取区域和分型线"按钮 ，弹出如图7-38所示的"定义区域"对话框。在"区域名称"选项区中选择"型腔区域"后，单击"搜索区域"按钮 ，弹出如图7-39所示的"搜索区域"对话框。单击如图7-40所示的"种子面"，拖动

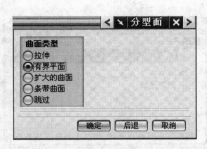

图 7-36　"分型面"对话框（基本训练二）

图 7-37　有界平面（基本训练二）

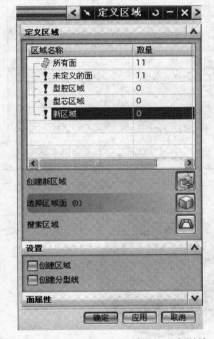

图 7-38　"定义区域"对话框（基本训练二）

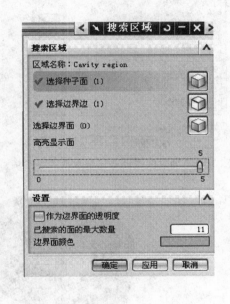

图 7-39　"搜索区域"对话框（基本训练二）

"高亮显示面"滑块，单击"确定"按钮，产生型腔区域。

2）按上述方法产生型芯区域，结果如图 7-41 所示。选中"设置"选项区中的"创建区域"选项，单击"确定"按钮，完成抽取区域设定。

5. 创建型芯和型腔

（1）单击"型芯和型腔"按钮，弹出"选择片体"对话框，在"区域名称"选项区中选择"所有区域"，如图 7-42 所示；单击"应用"按钮，再单击"确定"按钮，MoldWizard 自动完成一系列的动作来创建型芯和型腔。创建的型芯和型腔如图 7-43 所示。

（2）单击"文件"→"保存所有"命令，保存全部零件。

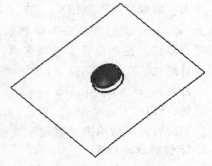

图 7-40　种子面（基本训练二）

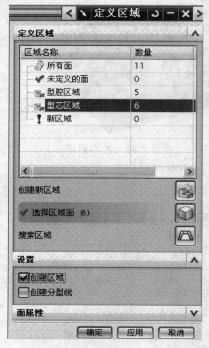

图 7-41　抽取区域设定（基本训练二）

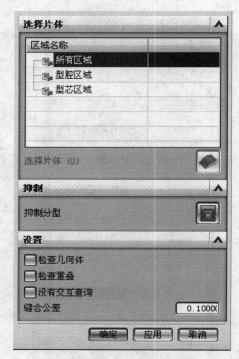

图 7-42　"选择片体"对话框（基本训练二）

图 7-43　创建的型芯和型腔（基本训练二）

7.3.3　综合训练（一）——多型腔模具设计

1. 装载产品并初始化

单击"装载产品"按钮 ，在"打开部件文件"对话框中选择文件 shili \ 7 \ 3 \ yao_kong_qi_zuo. prt，然后在如图 7-44 所示的"初始化项目"对话框中进行初始化。

项目单位：在"设置"选项区中，设置项目单位为"毫米"。

项目路径：E：\ shili \ 7 \ 3

项目名：yao_kong_qi_zuo

材料：PPO。

参数设置完成后单击"确定"按钮，完成初始化。

2. 定位模具坐标系

单击"注塑模向导"工具栏中的"模具坐标系"按钮 ，弹出如图 7-45 所示的"模具 CSYS" 对话框，选中"当前 WCS"单选按钮，再单击"确定"按钮，完成模具坐标系的创建。

图 7-44　"初始化项目"对话框
（综合训练一）

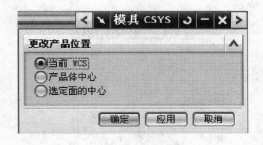

图 7-45　"模具 CSYS"对话框
（综合训练一）

3. 定义成型工件

（1）单击"注塑模向导"工具栏中的"成型工件"按钮 ⬡，弹出"工件"对话框，按图 7-46 所示定义成型工件。

（2）单击对话框中的"确定"按钮，视图区加载成型工件，如图 7-47 所示。

图 7-46　"工件"对话框
（综合训练一）

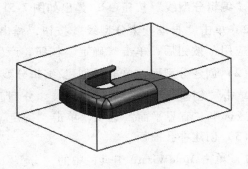

图 7-47　成型工件（综合训练一）

4. 布局

单击 MoldWizard 工具栏中的按钮 [🎵]，弹出"型腔布局"对话框，如图 7-48 所示。在"布局类型"中选择"圆形"，单击按钮 [⬆]，弹出点构造器对话框，设置圆形布局的中心点为（0，-140，0），在"圆形布局设置"选项区输入型腔数"4"，起始角为"90"，旋转角度为"360"，半径为"50"，单击"生成布局"选项区中的按钮 [🎵]，完成布局，如图 7-49 所示。

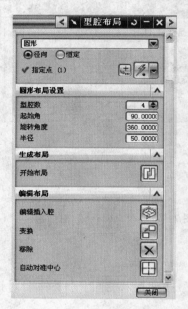

图 7-48　"型腔布局"对话框（综合训练一）

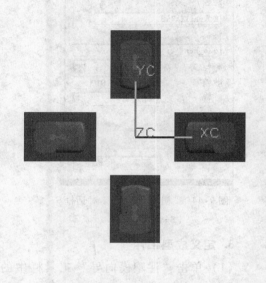

图 7-49　完成的布局（综合训练一）

5. 分型设计

（1）创建分型线。

1）单击工具栏中的"分型"按钮 🖻，弹出如图 7-50 所示的"分型管理器"对话框。单击"编辑分型线"按钮 🖉，弹出如图 7-51 所示的"分型线"对话框。

2）单击"自动搜索分型线"按钮，弹出如图 7-52 所示的"搜索分型线"对话框，单击"应用"按钮后，单击"确定"按钮，产生如图 7-53 所示的分型线。

（2）创建分型面。单击"创建/编辑分型面"按钮 🖉，在弹出的"创建分型面"对话框中单击"创建分型面"按钮，进入"分型面"对话框，如图 7-54 所示。在"曲面类型"选项区选中"有界平面"选项，单击"确定"按钮，结果如图 7-55 所示。

（3）创建补孔曲面。

1）单击 MoldWizard 工具栏中的"分型"按钮 🖻，再单击"拉伸"按钮 ⬛，选择如图 7-56 所示的曲线拉伸成曲面，通过曲面裁剪，产生如图 7-57 所示的曲面。单击 MoldWizard 工具栏中的按钮 [✂]，弹出注塑模工具，单击按钮 📢（存在曲面），选择前一步做好的拉伸曲面，单击"确定"按钮，完成第一个孔的修补。

图 7-50　"分型管理器"对话框（综合训练一）

图 7-51　"分型线"对话框（综合训练一）

图 7-52　"搜索分型线"对话框（综合训练一）

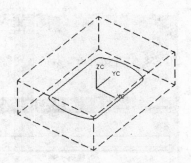

图 7-53　分型线（综合训练一）

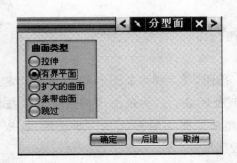

图 7-54　"分型面"对话框（综合训练一）

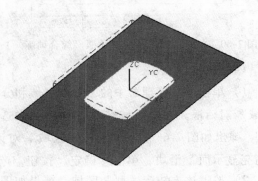

图 7-55　有界平面（综合训练一）

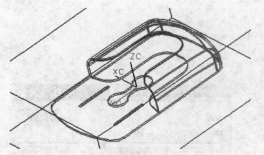

图 7-56　拉伸曲线（综合训练一）

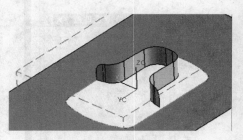

图 7-57　拉伸曲面（综合训练一）

2）单击注塑模工具中的按钮▣，弹出如图 7-58 所示的"开始遍历"对话框，取消"按面的颜色遍历"选项，选择如图 7-59 所示的曲线，弹出如图 7-60 所示的"曲线/边选择"对话框。通过单击"下一个路径"或"接受"按钮，最终选择如图 7-61 所示的曲线；曲线封闭后，单击"接受"按钮，产生第二个补孔曲面。

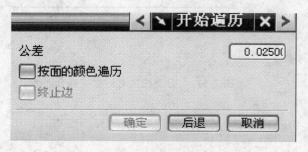

图 7-58　"开始遍历"对话框（综合训练一）

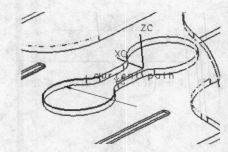

图 7-59　选择曲线（综合训练一）

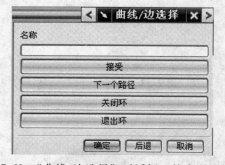

图 7-60　"曲线/边选择"对话框（综合训练一）

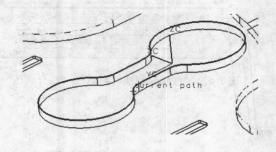

图 7-61　最终选择的曲线（综合训练一）

（4）抽取区域。

1）单击分型管理器中的"抽取区域和分型线"按钮，弹出如图 7-62 所示的"定义区域"对话框。在"区域名称"选项区中选择"型腔区域"后，单击"搜索区域"按钮，弹出如图 7-63 所示的"搜索区域"对话框。单击如图 7-64 所示的"种子面"，拖动"高亮显示面"滑块，单击"确定"按钮，产生型腔区域。

2）按上述方法产生型芯区域，结果如图 7-65 所示。选中"设置"选项区中的"创建区域"选项，单击"确定"按钮，完成抽取区域设定。

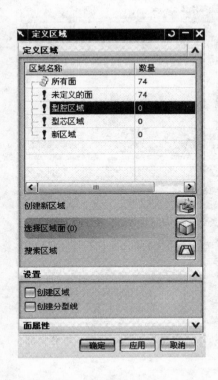

图 7-62 "定义区域"对话框（综合训练一）

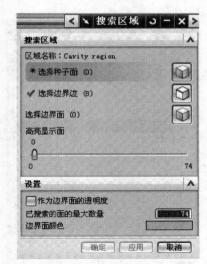

图 7-63 "搜索区域"对话框（综合训练一）

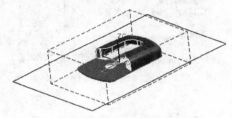

图 7-64 种子面（综合训练一）

6. 创建型芯和型腔

（1）单击分型管理器中的"型芯和型腔"按钮，弹出"选择片体"对话框，在"区域名称"选项区中选择"所有区域"，如图 7-66 所示。单击"应用"按钮，再单击"确定"按钮，MoldWizard 自动完成一系列的动作来创建型芯和型腔。创建的型芯和型腔如图 7-67 所示。

（2）单击"文件"→"保存所有"命令，保存全部零件。

7.3.4 综合训练（二）——镶块设计

1. 加载产品

单击"装载产品"按钮，在"打开部件文件"对话框中选择文件 shili \ 7 \ 4 \ ex6.5. prt，然后在如图 7-68 所示的"初始化项目"对话框中进行初始化。

项目单位：在"设置"选项区中，设置项目单位为"毫米"。

项目路径：E：shili \ 7 \ 4

项目名：ex6.5

材料：ABS。

参数设置完成后单击"确定"按钮，完成初始化。

2. 定位模具坐标系

单击"注塑模向导"工具栏中的"模具坐标系"按钮，弹出如图 7-69 所示的"模

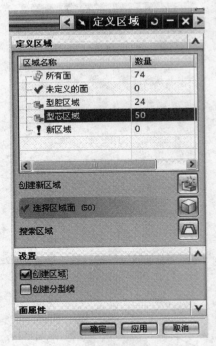

图 7-65　抽取区域设定（综合训练一）

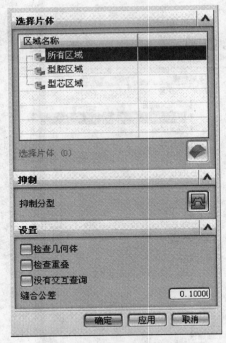

图 7-66　"选择片体"对话框（综合训练一）

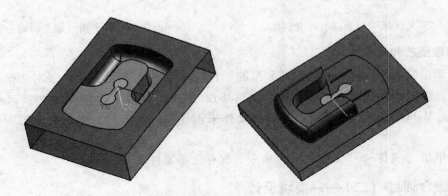

图 7-67　创建的型芯和型腔（综合训练一）

具 CSYS" 对话框，选中"当前 WCS"单选按钮，单击"确定"按钮，完成模具坐标系的创建。

3. 定义成型工件

（1）单击"注塑模向导"工具栏中的"成型工件"按钮 ⬦，弹出"工件"对话框，按图 7-70 所示定义成型工件。

（2）单击对话框中的"确定"按钮，视图区加载成型工件，如图 7-71 所示。

4. 布局

单击 MoldWizard 工具栏中的按钮 ▢，弹出"型腔布局"对话框，如图 7-72 所示。在"布局类型"中选择"矩形"；在"指定矢量"中单击按钮 ⬥，选择 +XC 方向；在"平衡

图 7-68　"初始化项目"对话框（综合训练二）

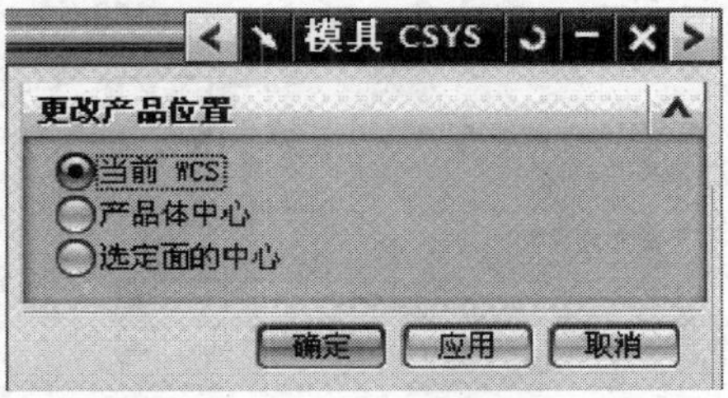

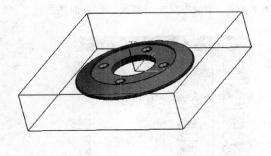

图 7-69　"模具 CSYS"对话框（综合训练二）

图 7-70　"工件"对话框（综合训练二）

图 7-71　成型工件（综合训练二）

布局设置"选项区的"型腔数"文本框中输入"2"；单击"生成布局"选项区中的按钮 ，完成布局，在"编辑布局"选项区中单击"自动对准中心"按钮 ，完成坐标系中心对准，结果如图 7-73 所示。

5. 分型设计

（1）创建分型线。

1）单击工具栏中的"分型"按钮 ，弹出如图 7-74 所示的"分型管理器"对话框。单击"编辑分型线"按钮 ，弹出如图 7-75 所示的"分型线"对话框。

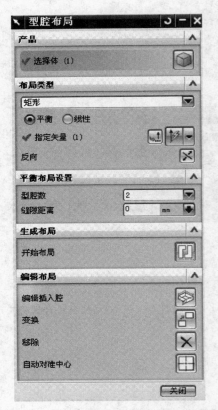

图 7-72　"型腔布局"对话框（综合训练二）

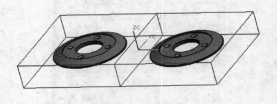

图 7-73　完成的布局（综合训练二）

图 7-74　"分型管理器"对话框（综合训练二）

图 7-75　"分型线"对话框（综合训练二）

2）单击"自动搜索分型线"按钮，弹出如图 7-76 所示的"搜索分型线"对话框，单击"应用"按钮后，单击"确定"按钮，产生如图 7-77 所示的分型线。

图 7-76 "搜索分型线"对话框（综合训练二）

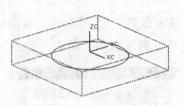

图 7-77 分型线（综合训练二）

（2）创建分型面。单击"创建/编辑分型面"按钮 ，在弹出的"创建分型面"对话框中单击"创建分型面"按钮，进入"分型面"对话框，如图 7-78 所示。在"曲面类型"选项区选中"有界平面"选项，单击"确定"按钮，结果如图 7-79 所示。

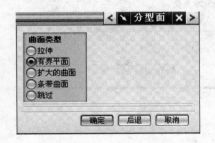

图 7-78 "分型面"对话框（综合训练二）

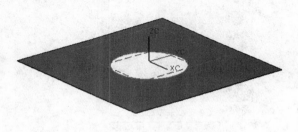

图 7-79 有界平面（综合训练二）

（3）创建补孔曲面。单击"分型管理器"对话框中的"创建/删除曲面补片"按钮 ，弹出如图 7-80 所示的"自动孔修补"对话框。在"环搜索方法"选项区中选中"自动"选项，在"修补方法"选项区中选中"型芯侧面"选项，单击 **自动修补** 按钮，完成补孔操作，如图 7-81 所示。

图 7-80 "自动孔修补"对话框
（综合训练二）

图 7-81 完成的自动孔修补
（综合训练二）

（4）抽取区域。

1）单击分型管理器中的"抽取区域和分型线"按钮，弹出如图 7-82 所示的"定义区域"对话框。在"区域名称"选项区中选择"型腔区域"后，单击"搜索区域"按钮，弹出如图 7-83 所示的"搜索区域"对话框。单击如图 7-84 所示的"种子面"，拖动"高亮显示面"滑块，单击"确定"按钮产生型腔区域。

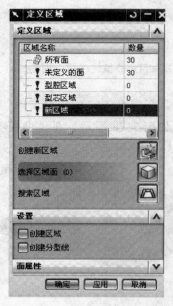

图 7-82 "定义区域"对话框（综合训练二）   图 7-83 "搜索区域"对话框（综合训练二）

2）按上述方法产生型芯区域，结果如图 7-85 所示。选中"设置"选项区中的"创建区域"选项，单击"确定"按钮，完成抽取区域设定。

图 7-84 种子面（综合训练二）   图 7-85 抽取区域设定（综合训练二）

6. 创建型芯和型腔

（1）单击分型管理器中的"型芯和型腔"按钮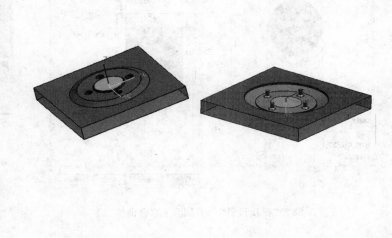，弹出"选择片体"对话框，如图 7-86 所示。在"区域名称"选项区中选择"所有区域"，单击"应用"按钮，再单击"确定"按钮，MoldWizard 自动完成一系列的动作来创建型芯和型腔。创建的型芯和型腔如图 7-87 所示。

（2）单击"文件"→"保存所有"命令，保存全部零件。

图 7-86　"选择片体"对话框
（综合训练二）

图 7-87　创建的型芯和型腔（综合训练二）

7. 镶块设计

（1）单击 MoldWizard 工具栏中的按钮，弹出如图 7-88 所示的"镶块设计"对话框。在"目录"选项区中选择 CAVITY-SUB-INSERT 类型，在"SHAPE"下拉列表中选择"ROUND"，在 FOOT"下拉列表中选择"开"，在"FOOT-OFFSET-1"下拉列表中选择"3"。单击"尺寸"选项卡，输入 X_LENGTH = 10.5，Z_LENGTH = 60，输入参数后，按 <Enter> 键传递参数。

（2）单击"应用"按钮，弹出如图 7-89 所示的点构造器对话框。依次选择图 7-90 所示的圆心位置，单击"取消"按钮（如果单击"确定"按钮将在同一位置产生重复的零件），产生的镶块结果如图 7-91 所示。

（3）单击 MoldWizard 工具栏中的"修剪模具组件"按钮，弹出如图 7-92 所示的"修剪模具组件"对话框。选择上一步创建的 4 个待处理的镶块，单击"工具片体"按钮，如图 7-93 所示。在"修剪曲面"下拉列表中选择"CAVITY_TRIM_SHEET"，单击"确定"按钮，完成镶块修剪，结果如图 7-94 所示。

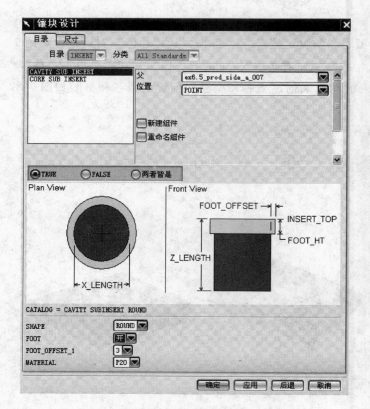

图 7-88　"镶块设计"对话框（综合训练二）

图 7-89　点构造器对话框
（综合训练二）

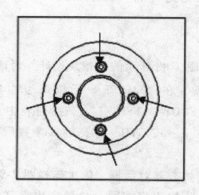

图 7-90　捕捉圆心（综合训练二）

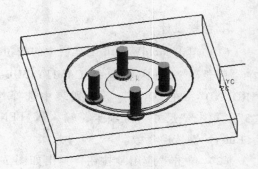

图 7-91　镶块创建（综合训练二）

8. 装载模架

单击 MoldWizard 工具栏中的"模架"按钮，弹出如图 7-95 所示的"模架设计"对话框，在"目录"下拉列表中选择"LKM_SG"，模架大小选择"3545"，在"类型"下拉列表中选择"A"，AP_h 和 BP_h 的参数设置分别为 70 和 80，其他采用默认设置。

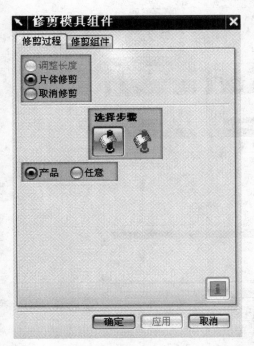

图 7-92　"修剪模具组件"对话框（综合训练二）

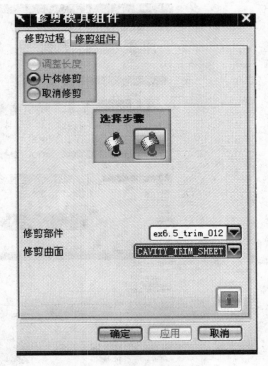

图 7-93　工具片体（综合训练二）

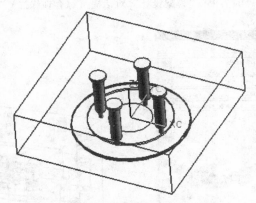

图 7-94　镶块修剪结果（综合训练二）

9. 浇注系统设计

（1）定位环和主流道设计。单击 MoldWizard 工具栏中的"标准件"按钮 ，创建定位环。在弹出的如图 7-96 所示的"标准件管理"对话框中，"目录"选择"FUTABA_MM"，滚动栏中选择"Locating Ring"，"类型"选择"M_LRB"。单击"确定"按钮，结果如图 7-97 所示。

　　单击 MoldWizard 工具栏中的"标准件"按钮 ，创建主流道部件。在弹出的对话框中，选择厂商目录为"MISUMI"，选择型号"SJB"，"类型"选择为"SJBC"，其他参数设置如图 7-98 所示，单击"确定"按钮，结果如图 7-99 所示。添加后若发现主流道位置不正

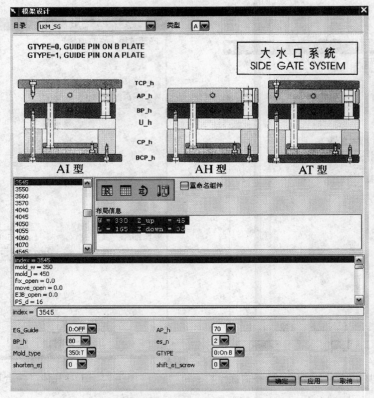

图 7-95　"模架设计"对话框（综合训练二）

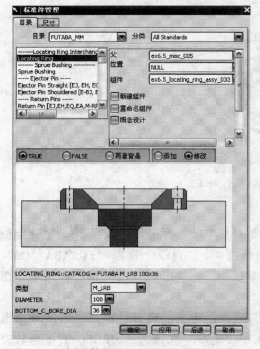

图 7-96　"标准件管理"对话框（综合训练二）

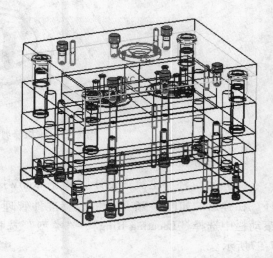

图 7-97　添加定位环（综合训练二）

确，可再次单击"标准件"按钮 ，选择前面已经添加的主流道后单击"重定位"按钮 进行编辑；在弹出的如图 7-100 所示的"重定位组件"对话框中单击"平移"按钮，将主流道沿 DZ 方向平移 100mm，结果如图 7-101 所示。

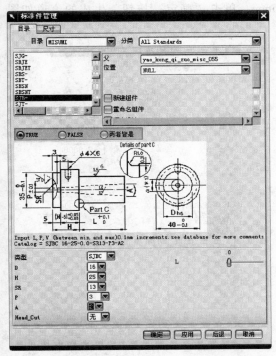

图 7-98　标准件管理之主流道（综合训练二）

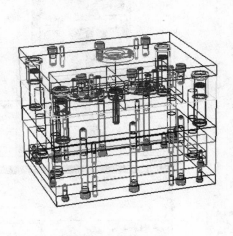

图 7-99　添加主流道（综合训练二）

图 7-100　"重定位组件"对话框（综合训练二）

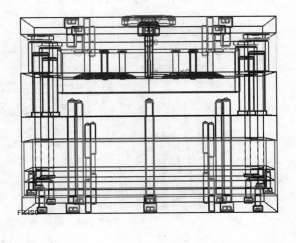

图 7-101　主流道位置（综合训练二）

（2）分流道设计。单击 MoldWizard 工具栏中的"分流道设计"按钮 ▦，弹出如图 7-102 所示的"流道设计"对话框；按照草图模式定义引导线，设置"A = 40"，单击"应用"按钮，生成引导线。在对话框中单击"创建流道通道"按钮 ▱，弹出如图 7-103 所示的流道截面设计对话框，选择圆形流道，直径为 6mm，单击"确定"按钮，生成的流道如图 7-104 所示。

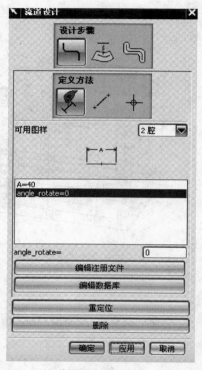

图 7-102 "流道设计"对话框（综合训练二）

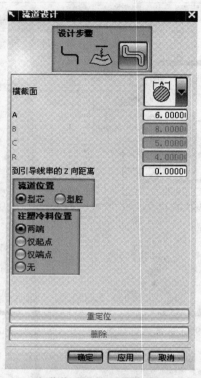

图 7-103 流道截面设计对话框（综合训练二）

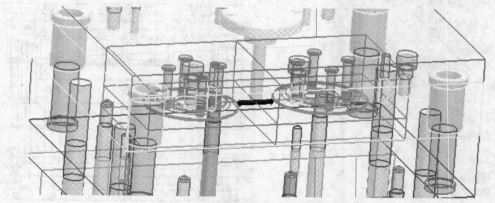

图 7-104 流道创建结果（综合训练二）

（3）浇口设计。单击 MoldWizard 工具栏中的"浇口设计"按钮 ▦，弹出"浇口设计"对话框，在"类型"下拉列表中选择"fan"，"位置"为"型腔"，其他参数设置如图 7-105 所示。单击"浇口点表示"按钮，在弹出的如图 7-106 所示的"浇口点"对话框中单击"点子功能"按钮,选择如图 7-107 所示的浇口点位置,设置 +X 方向为浇口放置的矢量方向,如图 7-108 所示。最后单击"确定"按钮,结果如图 7-109 所示。

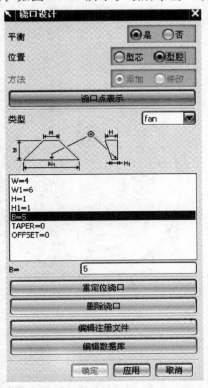

图 7-105 "浇口设计"对话框(综合训练二)

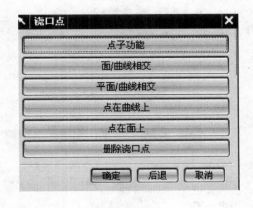

图 7-106 "浇口点"对话框(综合训练二)

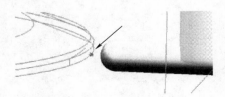

图 7-107 浇口点位置(综合训练二)

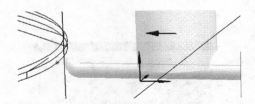

图 7-108 浇口矢量方向(综合训练二)

10. 顶杆设计

单击 MoldWizard 工具栏中的"标准件"按钮 ,在弹出的对话框中"目录"选择"FUT-ABA_MM",其他参数设置如图 7-110 所示。单击"应用"按钮,弹出点构造器对话框,选择如图 7-111 所示四个圆心为定位点,生成顶杆。

若生成的顶杆长度不合适,则必须对顶杆做修剪。单击 MoldWizard 工具栏中的"顶杆后处理"按钮 ,弹出如图 7-112 所示的对话框;选择前一步生成的四根顶杆,单击"确定"按钮,处理后的结果如图 7-113 所示。

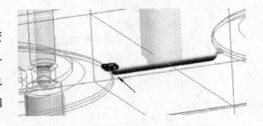

图 7-109 生成的浇口(综合训练二)

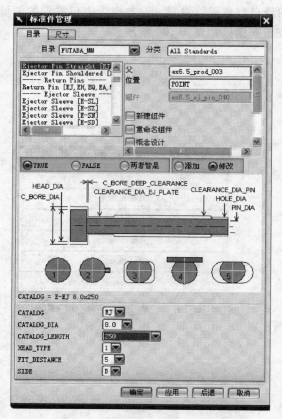

图 7-110　顶杆设计（综合训练二）

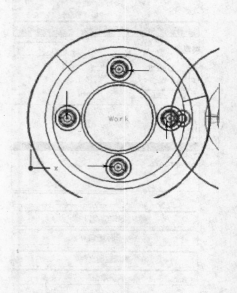

图 7-111　定义顶杆位置（综合训练二）

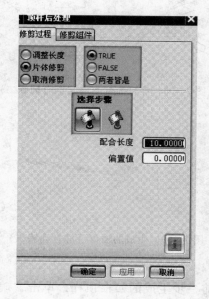

图 7-112　顶杆后处理（综合训练二）

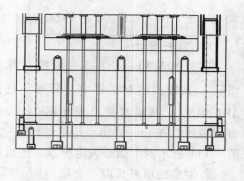

图 7-113 顶杆处理结果（综合训练二）

11. 冷却水道设计

单击 MoldWizard 工具栏中的 "冷却" 按钮 █，在弹出的 "冷却组件设计" 对话框中选择 "COOLING HOLE"，设置 "PIPE_THREAD" 为 "M8"，如图 7-114 所示；单击 "尺寸" 选项卡，设置 HOLE_1_DEPTH = HOLE_2_DEPTH = 500；单击 "应用" 按钮，分别选择如图 7-115 和图 7-116 所示的位置设置水道放置的面和点。

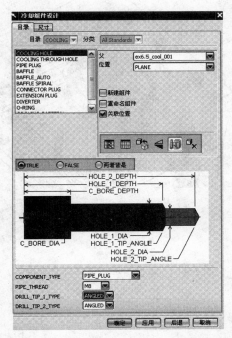
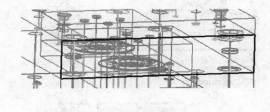

图 7-114　"冷却组件设计" 对话框（综合训练二）　　　图 7-115　水道放置面（综合训练二）

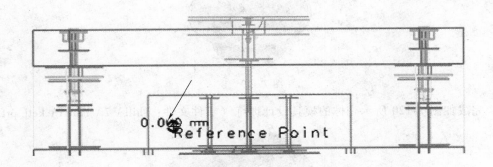

图 7-116　水道放置点（综合训练二）

在弹出的如图 7-117 所示的水道位置对话框中单击 "面中心" 按钮，设置 D1 = 50，D2 = 15，单击 "应用" 按钮，生成一条水道。用同样的方法，生成上下模水道，保证水道在同一平面上，如图 7-118 所示。

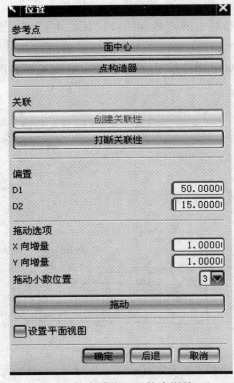

图 7-117　水道位置（综合训练二）

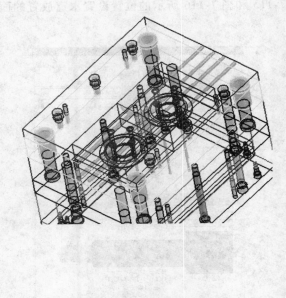

图 7-118　上模水道结果（综合训练二）

7.4　训练项目

1. 完成如图 7-119 所示碗的分模训练。（零件文件：shili \ 7 \ lianxi \ wan. prt）

图 7-119　碗

2. 完成如图 7-120 所示壳体的模具设计训练（零件文件：shili \ 7 \ lianxi \ keti. prt）

图 7-120　壳体

项目 8　模板形零件及模具成型零件数控加工

能力目标

1. 能够合理选择切削刀具和切削参数。
2. 能制订零件的数控铣削加工工艺。
3. 能对刀具切削轨迹进行校核和优化。
4. 能根据机床及数控系统进行后置处理，生成满足生产要求的数控加工程序。

知识目标

1. 掌握模板零件、成型零件铣削的数控加工程序的自动编制。
2. 掌握 UG 软件数控加工程序自动编制的步骤和方法。

8.1　任务引入

数控加工技术已广泛应用于模具制造业，如数控铣削、镗削、车削、线切割、电火花加工等，其中数控铣削是复杂模具零件的主要加工方法。本项目主要讲解如何利用 UG 软件编制模具零件数控加工程序。对于简单的模具零件，通常采用手工编程的方法；对于复杂的模具零件，往往需要借助于 CAM 软件编制加工程序，如 Pro/ENGINEER、UG、Cimatron、Mastercam 等。无论是手工编程或计算机辅助编程，在编制加工程序时，选择合理的工艺参数是编制高质量加工程序的前提。

本项目分别以模板零件（图 8-1）和模具成型零件（图 8-2）为例，讲解模具零件数控加工方法。

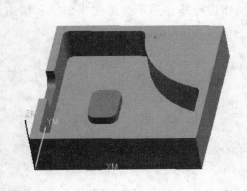

图 8-1　模板零件

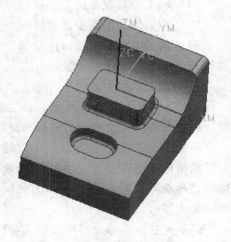

图 8-2　模具成型零件

8.2　相关知识

8.2.1　UG CAM 工具栏

在进入加工模块后，UG 除了显示常用的工具按钮外，还将显示在加工模块中专用的四个工具栏，分别为创建工具栏、加工操作工具栏、视图工具栏和对象工具栏。

1. 创建工具栏

创建工具栏如图 8-3 所示。它提供新建数据的模板，可以新建操作、程序组、刀具、几何体和方法。

图 8-3　创建工具栏

2. 加工操作工具栏

加工操作工具栏如图 8-4 所示。该工具栏提供与刀位轨迹有关的功能，方便用户针对选取的操作生成其刀位轨迹；或者针对已生成刀位轨迹的操作，进行编辑、删除、重新显示或切削模拟。该工具栏也提供对刀具路径的操作，如生成刀位源文件（CLSF 文件）及后置处理，或车间工艺文件的生成等。

图 8-4　加工操作工具栏

3. 视图工具栏

视图工具栏如图 8-5 所示。该工具栏提供已创建资料的重新显示，被选择的选项将会显示于导航窗口中。

（1）程序组视图分别列出每个程序组下面的各个操作。该视图是系统默认视图，并且输出到后处理器或 CLFS 文件也是按此顺序排列。

图 8-5　视图工具栏

（2）加工刀具视图按刀具进行排序显示，即按所使用的刀具组织视图排列。

（3）几何体视图则按几何体和加工坐标排序显示。

（4）加工方法视图是对用相同的加工参数值的操作进行排序显示，即按粗加工、精细加工和半精细加工方法分组列出。

4. 对象工具栏

对象工具栏如图 8-6 所示。该工具栏提供操作导航窗口随选择对象的编辑、剪切、显示、更改名称及刀位轨迹的转换与复制功能。

对象工具栏中的功能，也可以使用鼠标右键直接在导航窗口中选取使用。在操作导航窗口中选择某一操作，再单击鼠标右键，在弹出的快捷菜单中选择相应的命令即可。

图 8-6　对象工具栏

提示：在操作导航器中没有选择任何操作时，加工操作工具栏和对象工具栏的选项将呈现灰色，不能使用。

8.2.2　UG CAM 常用铣削类型

1. 平面铣概述

平面铣操作创建了可去除平面层中的材料量的刀轨，这种操作类型最常用于粗加工，为精加工操作做准备；也可以用于精加工零件的表面及垂直于底平面的侧面。平面铣可以不需要作出完整的造型，而只依据 2D 图形直接生成刀具路径。

（1）平面铣加工的特点和应用。平面铣只能加工与刀轴垂直的几何体，所以平面铣加工出的是直壁垂直于底面的零件。刀轨是利用在垂直刀具轴的平面内生成二轴刀轨，通过多层二轴刀轨一层一层切削材料，每一层刀轨称为一个切削层。其刀具轴向相对于工件平面不发生变化，属于固定轴加工。

1）平面铣加工的特点：刀具轴垂直于 XY 平面，即在切削过程中机床两轴联动，而 Z 轴方向只在完成一层加工后进入下一层时才作单独的动作。普通的数控铣即可满足加工。

采用定义边界几何的方法来约束刀具运动的区域，调整方便，能较好地控制刀具在边界上的位置。

2）平面铣加工的应用。平面铣用于加工直壁平底的工件，可加工直壁的且岛屿的顶面和槽腔的底面为平面的零件。它可以用于粗加工，也可以用于精加工，如加工产品的基准面、内腔的底面、敞开的外形轮廓等。在薄壁结构件的加工中，使用平面铣是一种 2.5 轴的加工方式。它在加工过程中产生在水平方向的 XY 两轴联动，而在 Z 轴方向只完成一层加工后进入下一层时才单独动作。通过设置不同的切削方法，平面铣可以完成挖槽或者轮廓外形加工。

（2）平面铣的几何体的类型。平面铣的几何体边界用于计算刀位轨迹，定义刀具运动的范围，且以底平面控制刀具切削的深度。几何体边界包括工件几何体、毛坯几何体、检查几何体、裁剪几何体、底平面五种。

1）工件几何体 ：是平面铣最重要的参数，用于定义加工完成后的工件形状。对于平面铣，可为开放边界，也可为封闭边界，有四种定义模式，即通过选择面、曲线、边界和点定义零件边界。面是作为一个封闭的边界来定义的；当通过曲线和点来定义零件边界时，边界有封闭和开放之分。

2）毛坯几何体 ：用于定义将被加工的材料的范围，控制刀轨的加工范围。对于平面铣，只能选择边界，且必须是封闭边界。当零件边界和毛坯边界都定义时，系统根据毛坯边界和零件边界共同定义的区域定义刀具运动的范围。毛坯几何体可以不被定义。

3）检查几何体 ：用于定义刀具不能碰撞的位置，如压铁、台虎钳等，必须是封闭边界，也可以用于进一步控制刀位轨迹的加工范围。对于平面铣，只能是边界。检查几何体可以不被定义。

4）裁剪几何体 ：用于进一步控制刀具的运动范围，用于裁剪刀位轨迹，去除裁剪边界内侧或外侧的刀轨，必须是封闭边界。裁剪几何体和检查几何体都用于更好地控制加工刀轨的范围，都可以设定余量。它们的区别在于检查边界避免被切削，需要计算刀轨，且要考虑到检查边界的深度，而裁剪边界只是对刀轨的单纯裁剪。裁剪几何体可以不被定义。

5）底平面 ：用于定义平面铣加工最低的切削面，只用于平面铣操作，且必须被定义。如果没有定义底面，平面铣将无法计算切削深度。可以直接在工件上选取水平的表面作为底平面，也可以将选取的表面补偿一定距离后作为底平面，或者指定三个主平面（XC-YC、YC-ZC、ZC-XC）偏置一段距离的平行平面作为底平面。

（3）平面铣边界的创建。平面铣操作的工件几何体、毛坯几何体、检查几何体和裁剪几何体都是边界。平面铣的边界定义有四种模式，分别是曲线/边、面、点、永久边界。

定义边界的关键参数主要有以下几项。

1）投影平面：所有边界都是二维的，且在同一平面上；而创建边界的曲线、边、点等可以在不同平面，此时就需要定义投影平面。投影平面有"自动"和"用户定义"两种方式，当选择"自动"时，系统将使用前面选择的曲线或点来建立平面；当选择"用户定义"时，系统将调用平面构造器定义投影平面。

2）封闭和开放边界：边界可以是开放的，也可以是封闭的。

3）材料侧：定义材料的保留侧。当边界开放时，可定义为左或右；当边界封闭时，可定义为内或外。

4）刀具位置：定义刀具与边界的位置关系。刀具位置有"相切"和"开"两种方式，当设定为"相切"时，刀具与边界相切，边界显示单边箭头；当设定为"开"时，刀具中心与边界重合，边界显示双边箭头。

5）临时边界和永久边界：在以"永久边界"模式定义平面铣边界时，只能选择已定义好的永久边界，其他三种模式定义的是临时边界。比较两种边界，永久边界可重复使用，而临时边界更便于编辑。通常使用的是临时边界。

（4）切削深度。在平面铣操作中，切削深度是指相邻两个切削层之间的距离。切削区域是指数个连续切削层连接成的一段距离范围，在此范围内可有一个或多个切削层。

平面铣操作定义切削深度有五种方式，分别是用户定义、仅仅底面、底面和岛的顶面、岛顶部的层、固定深度。不同的切削深度定义方式可以实现对多种形式的切削层数和切削范围的控制。

1）用户定义：允许用户定义切削深度，选择该选项时，对话框下部的所有参数选项均被激活，可在对应的文本框中输入数值。这是最为常用一种深度定义方式。

2）仅仅底面：只在底平面建立一个切削层。

3）底面和岛的顶面：切削层的位置在岛屿的顶面和底平面上，刀具局限在岛屿的边界内部切削。

4）岛顶部的层：在岛屿的顶面创建一个平面的切削层。该选项与"底面和岛屿的顶面"的区别在于，所生成的切削层的刀路轨迹将完全切除切削层平面上的所有毛坯材料。选择该选项时，对话框下部的"初始的"、"最终"和"顶面岛"参数选项被激活。

5）固定深度：只设定一个最大的深度值，除最后一层可能小于最大深度外，其余层都等于最大深度值。

（5）余量。余量选项设置了当前操作后材料的保留量，或者是各种边界的偏移量。

1）部件余量：是指在当前平面铣削结束时，留在零件周壁上的余量。通常在做粗加工或半精加工时会留一定部件余量以做精加工用。

2）最终底面余量：完成当前加工操作后保留在腔底和岛屿顶的余量。

3）毛坯余量：切削时刀具离开毛坯几何体的距离。

4）检查余量：是指刀具与已定义的检查几何体之间的余量。

5）裁剪余量：是指刀具与已定义的修剪几何体之间的余量。

（6）步进的定义。步进通常也称为行间距，是两个切削路径之间的间隔距离。间隔距离是指在 XY 平面上，铣削的刀位轨迹间的相隔距离。步进的确定需要考虑刀具的承受能力、加工后的残余材料量、切削负荷等因素。在粗加工时，步进最大可以设置为刀具有效直径的 90%。在平行切削的切削方式下，步进是指两行间的间距；而在环绕切削方式下，步进是指两环间的间距。UG 提供了以下四种设定间距的方式。

1）恒定的：指定相邻的刀位轨迹间隔为固定的距离。当以恒定的常数值作为步进时，需要在下方的"距离"文本框中输入相隔的距离数值。

2）残余波峰高度：根据在指定的间隔刀位轨迹之间，刀具在工件上造成的残料高度来计算刀位轨迹的间隔距离。该方法需要输入允许的最大残余波峰高度值。在这种方式下，可以由系统自动计算为达到某一粗糙度而采用的步进，特别适用于使用球头刀进行加工时步进的计算。

3）刀具直径：指定相邻的刀位轨迹间隔为刀具直径的百分比。这种方法可以通过输入百分比来进行步进的设定，是较为常用的方法。

4）可变的：使用手动方式设定多段变化的刀位轨迹间隔，对每段间隔指定此种间隔的走刀次数。使用可变步距进行平行切削时，系统会在设定的范围内计算出合适的行距与最少的走刀次数，且保证刀具沿着外形切削而不会留下残料。

（7）安全平面。安全平面选项使刀具在退刀后和进刀前移到已定义的安全平面上，安全平面在避让选项中指定。使用安全平面传送方法可以有很高的安全性，但是如果安全平面比较高时，会比较浪费时间。相关设定参数如下：

1）"毛坯距离"表示工件上毛坯的残余量，它限定了开始加工的高度。

2）"每一刀的深度"用于指定在毛坯加工余量较大时各切削层的最大深度。当值为 0 时，表示只做一刀加工，直接加工到要求的表面高度。

"每一刀的深度"为 0 时，不进行多刀加工，毛坯距离的设置不影响刀路轨迹。

3）"主轴转速"指定了在加工时主轴旋转的速度。主轴转速的设定主要应考虑刀具的材料、大小及加工工件的材料。当直接选中"主轴转速"复选框并输入数值时，"速度"选项卡中的"表面速度"选项的数值将发生变化。

在"进给"选项卡中的各种进给速度设置为 0 时，并不表示进给速度为 0，而是采用其默认值。

2. 型腔铣

（1）型腔铣与平面铣的比较。

相同点：

1）两者的刀具轴都垂直于切削层平面。

2）刀路轨迹所用的切削方法相同，都包含切削区域和轮廓的铣削。

3）切削区域的开始点控制和进刀/退刀选项相同。可以定义每层的切削区域开始点；提供多种方式的进刀/退刀功能。

不同点：

1）平面铣用边界定义零件材料。边界是一种几何实体，可用曲线/边界、面（平面的边界）、点定义临时边界以及选用永久边界。型腔铣可用任何几何体以及曲面区域和小面模型来定义零件材料。

2）切削层深度的定义不相同。平面铣通过所指定的边界和底面的高度差来定义总的切削深度，并且有五种方式定义切削深度；而型腔铣通过毛坯几何体和零件几何体来定义切削深度，通过切削层选项最多可以定义 10 个不同切削深度的切削区间。

（2）型腔铣的选用。型腔铣适用于非直壁的、岛屿的顶面和槽腔的底面为平面或曲面零件的加工。而对于模具的型腔以及其他带有复杂曲面的零件的粗加工，多选用岛屿的顶平面和槽腔的底平面之间为切削层，在每一个切削层上，根据切削层平面与毛坯和零件几何体的交线来定义切削范围。

（3）切削区域。为了得到更好的加工质量，有时需要对工件局部进行加工。为了实现局部加工，必须设定需要加工的区域，型腔铣操作提供了多种方式来控制切削区域。

1）检查几何体：与平面铣类似，型腔铣的检查几何体用于指定不允许刀具切削的部位，如压铁、台虎钳等，不同之处是型腔铣可用实体等几何对象定义任何形状的检查几何体，可以用片体、实体、表面、曲线定义检查几何体。

2）裁剪几何体：裁剪几何体用于裁剪刀位轨迹，去除裁剪边界内侧或外侧的刀轨，必须是封闭边界。

3）曲面区域：在主界面中可以选择曲面区域，曲面区域常用来定义需要被加工的工件局部表面，其定义的切削区域为能加工到该表面的刀轨。

（4）切削层。切削层是型腔铣操作指定的平行于 XY 面的切削平面，是定义的切削深度的基本单位。当定义型腔铣操作时，系统会根据工件和毛坯几何体的最高点和最低点来确定切削深度，并在总的切削深度范围内自动寻找工件和毛坯几何体上的平面，然后用这些平面将总的切削深度划分为多个切削范围，每个切削范围都可以独立地设定各自的均匀深度。

在型腔铣的"主界面"选项卡中单击"切削层"按钮，可打开"切削层"对话框。在"切削层"对话框中，型腔铣操作提供了全面、灵活的方法对切削范围、切削深度进行调整。

切削层是型腔铣最重要的参数，是掌握型腔铣的关键。切削层可以灵活地调整加工的深度，要理解切削层的设定和修改方式，必须先了解以下几个概念。

1）切削深度：切削深度可以分为总的切削深度和每一刀的深度。每一刀的深度可以定义为全局切削深度和某个切削范围的局部切削深度。

2）关键层和当前关键层：系统默认每一个平面符号表示一个切削层。其中大的平面符号就是关键层。而当前关键层就是其中亮显的大的平面符号，当前关键层有一个或两个（在顶层只有一个）。

3）切削范围和当前切削范围：每两个相邻的关键层之间的区域为一个切削范围，这两个关键层是切削范围内的顶面和底面。在两个当前关键层之间的区域是当前切削范围。当前切削范围会被亮显。切削范围可以有多个，但当前切削范围只有一个，并可在几个范围间切换。当前切削范围在顶层时可理解为一个切削深度为零的特殊切削范围。

4）范围深度：范围深度是指当前切削范围的底面深度。范围深度的设定有三种方法：第一种方法是直接在绘图区域选取可捕捉到的点，该点的深度即为要设定的深度；第二种方法是在"范围深度"后的文本框中输入深度值；第三种方法是拖动当前范围深度滑块，动态地设定当前范围深度值。后两种方法在改变值时，系统提供了四种可选的深度测量基准，位于"已测量从"后的下拉列表中。

① 顶层：最顶端的切削层为零深度的位置。

② 顶部范围：当前切削范围的顶层为零深度的位置。

③ 底部范围：当前切削范围的底层为零深度的位置。

④ WCS 原点：当前工作系统的原点为零深度的位置。

8.2.3　走刀方式和切削方式的确定

走刀方式是指加工过程中刀具轨迹的分布形式。切削方式是指加工时刀具相对工件的运动方式。在数控加工中，切削方式和走刀方式的选择直接影响着模具零件的加工质量和加工效率。其选择原则是根据被加工零件表面的几何特征，在保证加工精度的前提下，使切削时间尽可能短，切削过程中刀具受力平稳。

1. UG CAM 的走刀方式

在平面铣和型腔铣操作中，切削方法决定了用于加工切削区域的刀位轨迹模式。共有 8 种可用的切削方法，其中往复式切削、单向切削、沿轮廓的单向切削 3 种切削方法产生平行线切削轨迹；仿形外轮廓切削、仿形零件切削和摆线式零件切削产生一条顺序同心的切削轨迹；轮廓切削和标准驱动铣只沿着切削区域轮廓产生一条切削轨迹。前面 6 种切削方法用于区域的切削，后两种切削方法用于轮廓或者外形的切削。在型腔铣操作中，没有标准驱动铣切削方法。

1）往复式切削 ⊟：创建往复平行的切削刀轨。这种切削方法允许刀具在步距运动期间保持连续的进给运动，没有抬刀，能最大化地对材料进行切除，是最经济和节省时间的切削运动。

2）单向切削 ⊟：创建平行且单向的刀位轨迹。此选项能始终维持一致的顺铣或者逆铣切削，并且在连续的刀轨之间没有沿轮廓的切削。刀具在切削轨迹的开始点进刀。切削到切削轨迹的终点后，刀具回退至转换平面高度，转移到下一行轨迹的开始点，刀具开始以同样的方向进行下一行切削。

3）沿轮廓的单向切削 ⊐：用于创建平行的、单向的、沿着轮廓的刀位轨迹，始终维持着顺铣或者逆铣切削。它与单向切削类似，但是在下刀时将下刀在前一行的起始点位置，然后沿轮廓切削到当前行的起点进行当前行的切削。切削到端点时，沿轮廓切削到前一行的端点，然后抬刀到转移平面，再返回到起始边当前行的起点下刀进行下一行的切削。

4）跟随周边 ▣：跟随周边也称为沿外轮廓切削，用于创建一条沿着轮廓顺序的、同心的刀位轨迹。它是通过对外围轮廓区域的偏置得到的，当内部偏置的形状产生重叠时，它们被合并为一条轨迹后，再重新进行偏置产生下一条轨迹。所有的轨迹在加工区域中都以封闭的形式呈现。此选项与往复式切削一样，能维持刀具在步距运动期间连续地进刀，以产生最大化的材料切除量。除了可以通过顺铣和逆铣选项指定切削方向外，还可以指定向内或者向外的切削。

5）跟随工件 ▦：跟随工件也称为沿零件切削，是通过对所有指定的零件几何体进行偏置来产生刀轨。不像仿形外轮廓切削只从外围的环进行偏置，仿形零件切削从零件几何体所定义的所有外围环（包括岛屿、内腔）进行偏置创建刀轨。

6）摆线（）：其目的在于通过产生一个小的回转圆圈，从而避免在切削时全刀切入时切削的材料量过大。摆线加工可用于高速加工，以较低的、相对均匀的切削负荷进行粗加工。

7）轮廓切削（）：用于创建一条或者指定数量的刀轨来完成零件侧壁或轮廓的切削。它能用于敞开区域和封闭区域的加工。

8）标准驱动（）：标准驱动是一种轮廓切削方法，它严格地沿着指定的边界驱动刀具运动，在轮廓切削使用中排除了自动边界修剪的功能。使用这种切削方法时，可以允许刀轨自相交，每一个外形生成的轨迹不依赖于任何其他的外形，只由本身的区域决定，在两个外形之间不执行布尔操作。

2. 铣削方式

铣削方式的选择直接影响到加工表面质量、刀具寿命和加工过程的平稳性。在采用圆周铣削时，要根据加工余量的大小和表面质量的要求，合理选用顺铣和逆铣。通常，粗加工过程中余量较大，应选用逆铣加工方式，以减小机床的震动；精加工时，为了达到精度和表面粗糙度的要求，应选择顺铣加工方式。在采用端面铣削时，应根据所加工材料的不同，选用不同的铣削方式。通常，在加工高硬度的材料时应选用对称铣削；在加工普通碳钢和高强度低合金钢时，应选用不对称逆铣，可以延长刀具的使用寿命，得到较好的工件表面质量；在加工高塑形材料时，应选用不对称顺铣，以提高刀具的寿命。

8.2.4　刀具的切入与切出

在模具型腔数控铣削中，由于模具型腔的复杂性，往往需要多次更换不同的刀具才能完成对模具零件的加工。在粗加工时，每次加工后残留余量形成的几何形状是变化的，在下次进刀时如果切入方式选择不当，很容易造成断刀事故。在精加工时，切入和切出时切削条件的变化往往会造成加工表面质量的差异。因此，合理选择刀具切入、切出方式具有非常重要的意义。

一般的 CAM 软件提供的切入切出方式有刀具垂直切入切出工件（Plunge）、刀具以斜线切入工件（Ramp）、刀具以螺旋轨迹下降切入工件（Spiral）、刀具通过预加工工艺孔切入工件（Entry Hole），以及圆弧切入切出工件（ARC_TANGENT）。

其中刀具垂直切入切出工件是最简单、最常用的方式，适用于可以从工件外部切入的凸模类工件的粗加工和精加工，以及模具型腔侧壁的精加工。刀具以斜线或螺旋线切入工件常用于较软材料的粗加工。通过预加工工艺孔切入工件是凹模粗加工常用的下刀方式。圆弧切入切出工件由于可以消除接刀痕而常用于曲面的精加工。需要说明的是，在粗加工型腔时，如果采用单向走刀（Zig）方式，一般 CAD/CAM 系统提供的切入方式是一个加工操作开始时的切入方式，并不定义在加工过程中每次的切入方式，这个问题有时是造成刀具或工件损坏的主要原因。解决这一问题有两种方法：一种方法是采用环切走刀方式或双向走刀方式；另一种方法是减小加工的步距（Step-over），使背吃刀量小于铣刀半径。

8.2.5　切削参数控制

切削参数的选择对加工质量、加工效率，以及刀具的寿命有着直接的影响。在 CAM

软件中，与切削相关的参数主要有主轴转速（Spindle speed）、进给速率（Cut feed）、刀具切入时的进给速率（Lead in feed rate）、步距宽度（Step-over）和切削深度（Step depth）等。

1. 切削速度

切削速度的选择与刀具的寿命密切相关。当工件材料、刀具材料和结构确定后，切削速度就成为影响刀具寿命的最主要因素，过低或过高的切削速度都会使刀具寿命急剧下降。在模具加工过程中，尤其是模具的精加工时，应尽量避免中途换刀，以得到较高的加工质量，因此应结合刀具寿命选择切削速度。

2. 每齿进给量

进给速度的选择直接影响着模具零件的加工精度和表面粗糙度，每齿进给量的选取取决于工件材料的力学性能、刀具材料和铣刀结构。工件的硬度和强度越高，每齿进给量越小。硬质合金铣刀比同类高速钢铣刀每齿进给量要高。当加工精度和表面粗糙度要求较高时，应选择较低的进给量；刀具切入进给速度应小于切削进给速度。

3. 吃刀量

吃刀量的大小主要受机床、工件和刀具刚度的限制，其选择原则是：在满足工艺要求和工艺系统刚度许可的条件下，选用尽可能大的吃刀量，以提高加工效率。为保证加工精度和表面粗糙度，应留 0.2~0.5mm 的精加工余量。

在粗加工时，余量的切除往往采用层切的方法，在 CAM 编程时，需要设置每层切削深度和最大步距宽度，而实际步距往往与工件形状有关。

在精加工时，吃刀量的选择与表面粗糙度有关。CAM 软件中通常提供两种参数控制表面粗糙度：步距宽度（Step-over）和残留高度（Scallop）。采用步距宽度控制表面粗糙度时，步距宽度越小，表面粗糙度值越小，但加工路径和加工时间会大大延长，因此步距宽度不宜设置得太小。在实践中可以通过改变半精加工和精加工走刀路径的方法改善表面质量。采用残留高度控制表面粗糙度时，步距宽度会依据工件形状自动调整。

8.2.6　其他概念

1）机床坐标系（Machine Coordinate Systerm）：固定于机床上，以机床零点为基准的笛卡尔坐标系。

2）机床坐标原点（Machine Coordinate Origin）：机床坐标系的原点。

3）工件坐标系（Workpiece Coordinate System）：固定于工件上的笛卡尔坐标系。工件坐标系的设定一般应与工件的工艺基准相重合。

4）工件坐标原点（Wrokpiece Coordinate Origin）：工件坐标系原点。

5）机床零点（Machine Zero）：由机床制造商规定的机床原点。

6）快速运动平面（Rapid Plane）：刀具开始和完成操作时在 Z 方向上进入和退回的安全位置。

7）安全平面（Clearance Plane）：在一个操作中，每一次切深完成后，进行下一次切深之前，刀具在 Z 方向退后的位置。刀具快速运动平面和加工安全平面的选择应结合工件形状和夹具结构，在保证安全的情况下，尽量减小空刀行程。

8.3　任务实施

8.3.1　基本训练——模板形零件铣削的数控加工程序的自动编制

1. 打开模型文件

（1）打开文件 shili \ 8 \ moban. prt。

（2）检视图形，检视模型有无缺陷，确认没有非正常突起和凹陷。单击"格式"→"WCS"→"原点"命令，弹出如图 8-7 所示的对话框，选择需要的点位置，单击"确定"按钮，改变原点位置。

2. 进入加工模块并初始化设置

（1）进入加工模块。单击"开始"→"加工"命令，进入加工模块，如图 8-8 所示。

（2）设置加工环境。进入加工模块后，系统弹出如图 8-9 所示的"加工环境"对话框，在"CAM 会话配置"选项区中选择"cam_general"，在"要创建的 CAM 设置"选项区中选择"mill_planar"，单击"确定"按钮，进入加工环境的初始化设置。

图 8-7　原点选择（基本训练）

图 8-8　进入加工模块（基本训练）

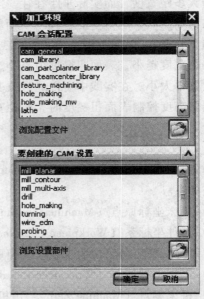

图 8-9　"加工环境"对话框（基本训练）

3. 创建操作

（1）粗加工。

1）设定加工坐标系。双击加工导航栏中的按钮 MCS_MILL，在弹出的如图 8-10 所示机床坐标系设定对话框中设定机床坐标系，如图 8-11 所示。

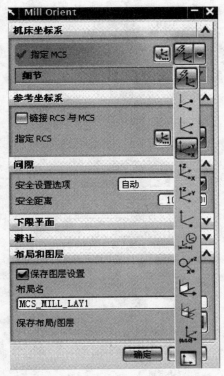

图 8-10 机床坐标系设定对话框（基本训练）

图 8-11 设定机床坐标系（基本训练）

双击加工导航栏中的按钮 ，弹出如图 8-12 所示的"铣削几何体"对话框。进入"建模"模块，将"拉伸"特征设为"显示"，单击"几何体"选项区中的按钮 ，选择如图 8-13 所示的几何体作为加工毛坯。

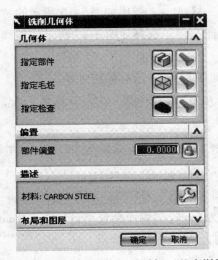

图 8-12 "铣削几何体"对话框（基本训练）

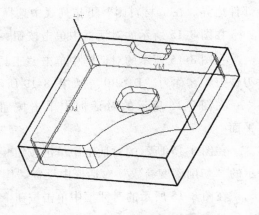

图 8-13 铣削毛坯选择（基本训练）

2）创建平面铣操作。单击"插入"→"操作"命令，弹出"创建操作"对话框，按图 8-14 所示设置各项参数，再单击"确定"按钮，弹出如图 8-15 所示的"平面铣"对话框。

图 8-14 "创建操作"对话框（基本训练）

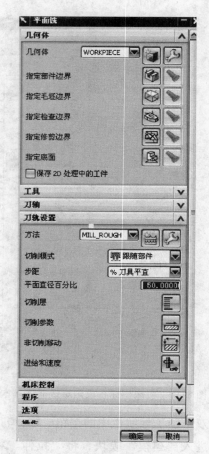

图 8-15 "平面铣"对话框（基本训练）

在图 8-15 所示的对话框中单击"指定部件边界"按钮，弹出如图 8-16 所示的"边界几何体"对话框，在"模式"下拉列表中选择"曲线/边"，选择如图 8-17 所示的曲线作为部件边界。在"材料侧"下拉列表中选择"外部"。

在图 8-15 所示的对话框中单击按钮，选择如图 8-18 所示的毛坯边界。

在图 8-15 所示的对话框中单击"工具"选项区，单击按钮，创建直径为 16mm 的 2 刃铣刀，名称为"D16R0"，如图 8-19 所示。

在图 8-15 所示的对话框中单击按钮，选择如图 8-20 所示的平面作为加工的底平面。

在图 8-15 所示的对话框中单击按钮，设置每一刀的下刀深度，在弹出的如图8-21所示的"切削深度参数"对话框中设置"固定深度"为 5mm，"侧面余量增量"为 0.1mm。

在图 8-15 所示的对话框中单击按钮，生成的刀轨如图 8-22 所示。

（2）精加工。

1）复制操作。用鼠标右键单击加工导航器中上一步完成的"PLANAR_MILL"操作，选择"复制"命令后，单击"粘贴"命令，并双击，进行编辑。

图 8-16　"边界几何体" 对话框（基本训练）

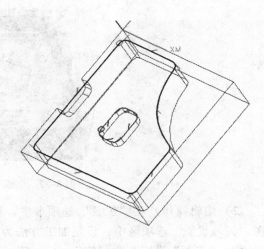

图 8-17　部件边界（基本训练）

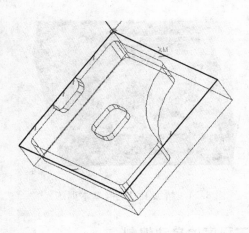

图 8-18　毛坯边界（基本训练）

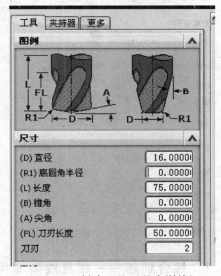

图 8-19　创建刀具（基本训练）

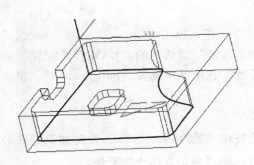

图 8-20　底平面（基本训练）

图 8-21　"切削深度参数" 对话框（基本训练）

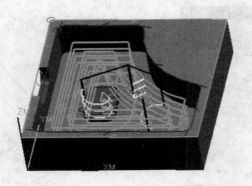

图 8-22　生成的刀轨（基本训练）

2）编辑操作。在"工具"选项卡中，新建直径为 8mm 的平底铣刀，名称为"D8R0"。在"刀轨设置"选项区中，设定加工方法为"MILL_FINISH"，"切削模式"设定为"跟随周边"，"步距"设定为"恒定"，"距离"设定为 0.3mm，"切削层"设定侧壁余量为 0，如图 8-23 所示。生成的刀轨如图 8-24 所示。

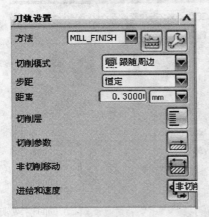

图 8-23　刀轨设置（基本训练）

图 8-24　精加工刀轨（基本训练）

8.3.2　综合训练——模具成型零件的数控加工程序的自动编制

1. 打开模型文件

打开文件 shili \ 8 \ tumo. prt。

2. 进入加工模块并初始化设置

（1）进入加工模块。单击"开始"→"加工"命令，进入加工模块。

（2）设置加工环境。进入加工模块后，在"加工环境"对话框的"CAM 会话配置"选项区中选择"cam_general"，在"要创建的 CAM 设置"选项区中选择"mill_contour"，单击"确定"按钮，完成加工环境的初始化设置。

3. 创建操作

（1）创建型腔铣削操作。双击加工导航器中的按钮 WORKPIECE ，设定加工部件和毛坯。设定如图 8-25 所示的曲面零件作为加工部件，半透明长方体作为毛坯。

单击"创建刀具"按钮 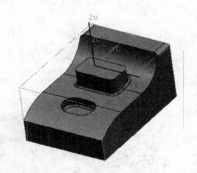，创建直径为 20mm，
底部圆角为 R4mm 的圆角铣刀，名称为"D20R4"。

单击"插入"→"操作命令"，弹出"创建操作"
对话框，如图 8-26 所示"操作子类型"选择"CAVI-
TY_MILL"。单击"确定"按钮，弹出"型腔铣"对话
框，如图 8-27 所示在"工具"下拉列表中选择
"D20R4"，在"切削模式"下拉列表中选择"跟随周
边"，"步距"设为"恒定"，"距离"设为 12mm，"全
局每刀深度"为 1.5mm。

图 8-25 加工部件（综合训练）

图 8-26 "创建操作"对话框（综合训练）

图 8-27 型腔铣（综合训练）

单击图 8-27 中的"生成刀轨"按钮 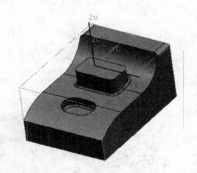，生成的刀轨如图 8-28 所示。

（2）创建固定轴轮廓铣削操作。单击"创建刀具"按钮 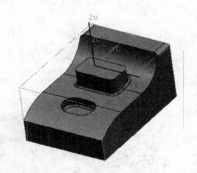，创建直径为 10mm，底部
圆角为 R5mm 的球刀，名称为"D10R5"。

单击"插入"→"操作"命令，打开"创建操作"对话框，如图 8-29 所示，"操作子类
型"选择"FIXED_CONTOUR"，"程序"为"NC_ PROGRAM"，工具为"D10R5"，"几何
体"为"WORKPIECE"，"方法"为"MILL_FINISH"。

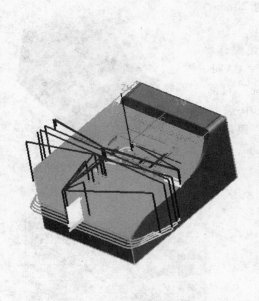

图 8-28 型腔铣刀轨（综合训练）

图 8-29 创建固定轴轮廓铣（综合训练）

单击"确定"按钮，弹出固定轴轮廓铣对话框。单击"驱动方法"选项区，如图 8-30 所示"方法"选择"边界"，弹出如图 8-31 所示的"边界驱动方法"对话框。在该对话框中的"驱动几何体"选项区中单击按钮，设定驱动边界，结果如图 8-32 所示。在图 8-31 所示对话框中单击"驱动设置"选项区，设定参数如图 8-31 所示。单击"生成刀轨"按钮，生成的刀轨如图 8-33 所示。

图 8-30 固定轴轮廓铣对话框（综合训练）　　　图 8-31 "边界驱动方法"对话框（综合训练）

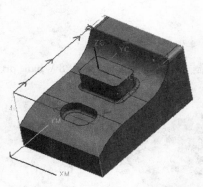

图 8-32　驱动边界（综合训练）

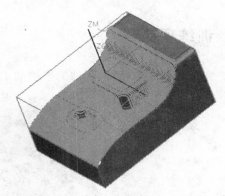

图 8-33　固定轴轮廓铣削刀轨（综合训练）

（3）创建清根操作。单击"创建刀具"按钮，创建直径为 6mm，底部圆角为 R3mm 的球刀，名称为"D6R3"。

单击"插入"→"操作"命令，弹出"创建操作"对话框（图 8-29），"操作子类型"选择"FLOWCUT_SINGLE"，"程序"为"NC_PROGRAM"，"工具"为"D6R3"，"几何体"为"WORKPIECE"方法为"MILL_FINISH"。

单击"确定"按钮，弹出如图 8-34 所示的"单刀路清根"对话框，单击按钮，生成如图 8-35 所示的刀轨。

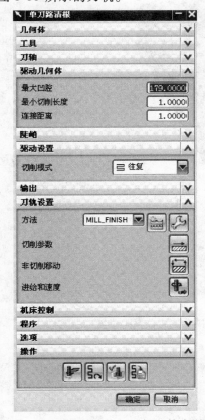

图 8-34　"单刀路清根"对话框（综合训练）

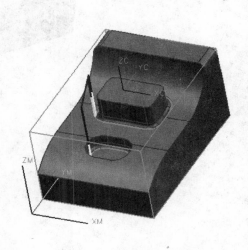

图 8-35　清根刀轨（综合训练）

8.4　训练项目

1. 完成如图 8-36 所示零件的数控加工程序的编制（零件文件为 shili \ 8 \ ban. prt）。

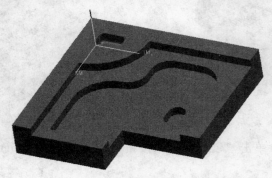

图 8-36　板件

2. 完成如图 8-37 所示零件的数控加工程序的编制（零件文件为：shili \ 8 \ aomo. prt）。

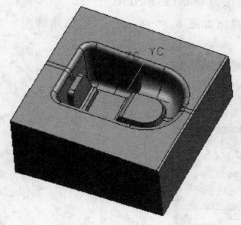

图 8-37　凹模

参 考 文 献

[1]　陆建军. 模具 CAD/CAM 应用 [M]. 北京：机械工业出版社，2010.

[2]　李丽华. UG NX 6.0 入门与提高 [M]. 北京：电子工业出版社，2010.

[3]　王国业. UG NX 7.0 中文版从入门到精通 [M]. 北京：机械工业出版社，2010.

[4]　陈晓勇. 塑料模设计 [M]. 北京：机械工业出版社，2011.

[5]　杨勇强. UG NX 6.0 注塑模具设计 [M]. 北京：化学工业出版社，2009.

[6]　唐家鹏. UG NX7.0 造型设计专家范例详解 [M]. 北京：科学出版社，2010.

[7]　李锦标. UG NX6.0 产品模具设计 [M]. 北京：清华大学出版社，2009.